地球最期の日に、地球を蘇生させる

新開発「リニア水流連続発電」

後閑 始
GOKAN HAJIME

三省堂書店／創英社

地球最期の日に、地球を蘇生させる
新開発「リニア水流連続発電」

目　次

ご 挨 拶

〔地球最期の日に〕

後　篇　　水流力学　各種理論・原理・法則を発見発明

付　録

1．『人間の条件』は、人間の生き様を880首の和歌で詠った書
2．人間は人類「繁殖繁栄之使命」を帯びて生誕した
3．森羅万象の生物全てが、種族繁殖の為に生存競争の中で生き抜いている

＊　人生は　我が心根が　造るもの　　負けず勝ち抜き　前に進もう　！

「温暖化」・「コロナ」に勝ち抜く　今の我れ

A明るく　G元気で　M前向き人生！

※　関連図版や掲載資料について、原本のコンディション等により不鮮明な箇所がございます。予めご容赦下さい。

ご挨拶

出版のご挨拶

本書・検索ご愛読の皆様に、心から御礼申し上げます。

本書出版の真髄は、悪鬼地球温暖化撃破対策として、発明開発した「リニア水流連続発電」の解説と、悪鬼温暖化現象の生き地獄の悲惨な強襲に曝された地球人類皆様の心痛の癒しが些少でも復活される事を願いつつ執筆しました。

“ 生き地獄　赤裸々・巷を　生き抜くは
明るく元気で　前向く・開発　！”

本書は、現状は地球を崩壊し人類・生物を壊滅する「悪鬼温暖化現象を撃破抑止」すると共に「温暖化」の原因を造る：火力発電・原発：を躊躇無く廃止させなければならない。

之の目的の為に、再生可能な膨大なる水力自然エネルギー資源を有する水力を活用する「リニア水流連続発電装置」を発明して研究、実験、開発を重ね、十余年の結果実用化可能な「リニア水力発電装置」を成功させる事が出来ました。

＊　人類を滅亡の危機に晒す温暖化現象やコロナウイルス菌の強襲に曝され喘ぐ人心の恐怖を目前に直面し温暖化現象撃破の闘魂が全身に漲った。
＊　人類が地獄の世界から蒼き楽園の地球幸楽苑の花園に住んで戴きたい。
＊　是が非でも為すべきは温暖化対策発電実践である。
＊　**近年「温暖化」にて南北極氷山溶解して凶悪物が出現す。**
＊　温暖化の無惨な凶悪現象は年々悪化し、生き地獄の世界と成る。

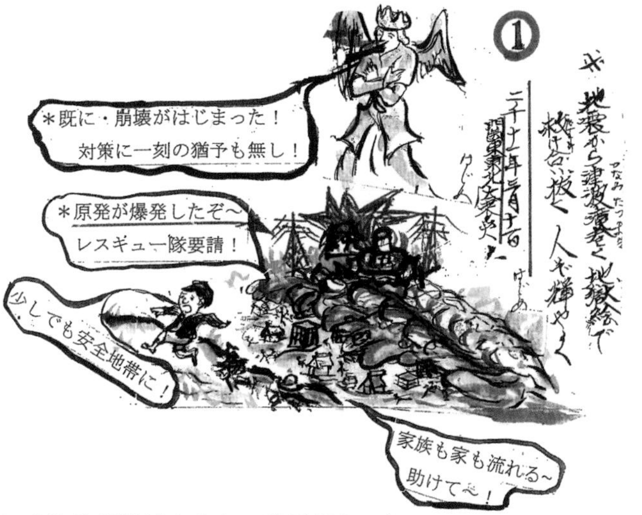

＊　パリー協定のCOP16から「百年後には地球が崩壊する」の宣言が有った。

I，「リニア水流連続発電」：｛必要性｝ 簡易説明

1．世界唯一の「リニア水流連続発電」は地球温暖化を撃破し抑止できる。

本装置を日本全地域で開発活用すれば、温暖化の起因たる火力発電や地球を破壊する原発は不要となります。

現在の日本需要電力の供給生産電力比は、火力発電＝90%、原発＝４％、水力発電＝５%、再生可能エネルギー＝１%である。

温暖化現象を起因する火力発電が90%で有る。此の火力発電を無用化する。

＊　新発明「リニア水流連続発電」は、火力発電に勝る自然エネルギー発電である。
　地球上全地域で、本装置を活用すれば地球の成層圏は復活して、地球は蒼き虹の楽園に蘇生する。

2.「リニア水流連続発電」実証運転　解説

(1), 名称の命名：「リニア水力発電」とは、水車発電機を連続して横一直線上に設置するもので、{連続して横一直線上} を {リニア} と命名したのです。

＊　河川、用水路等の水流勢力を起因動力として、張翼水車発電機を流れ方向一直線上に多数連続配置して各発電機電力を集電する発電所である。

(2),「リニア水流連続発電」は、河川、ダム、貯水池等から発電水路に１㎥（浴槽水量）程度の水流勢力を、用水路水門から給水し流水する。

用水路には張翼水車発電機を多数連続して配列設置する。

其の用水路に水速度３～６m/secの水流勢力を流水することに因り、用水路の続く限り連続して水車発電機が発電を開始する。

(3), 現在の発電機能は、１張翼水車発電機発電力＝５kw（交流定格電力）

発電量：1,000m用水路発電＝1650kw発電、年間＝14,454,000kw

発電生産高＝361,350,千円／年　　但し電力単価＝25円／kw

Ⅱ,「リニア水流連続発電」実証運転実験　実験項目多数有り。各種実験成功！

1. 初回運転実験＝千葉県我孫子市手賀沼実験場 {平成25年}

国土交通省、農林水産省、千葉県庁　承認許可に因る。

, 実験概要＊詳細＝P:：NO5＆NO6

＊場所：千葉県我孫子市手賀沼実験

施行日＝2013年10月～12月

工程＝1回3日（設置、実験、撤去）

実験回数＝6回

水槽＝２㎥、高さ＝3m

鉄槽用水路＝50M

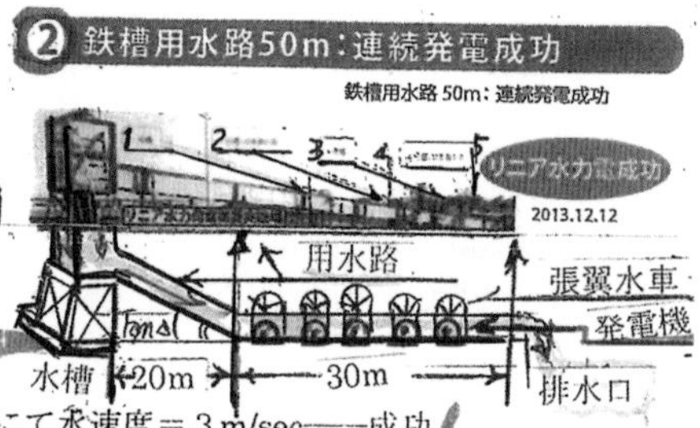

（1），水流勢力発生装置：Rad＆Tan⊿にて水速度＝３m/sec――成功！

（2），鉄槽用水路：幅＝350mm、高さ＝600mm、距離＝50m、流水量＝0.5㎥

（3），張翼水車×5基：直径＝1m、幅＝300mm、（4），発電機＝１kw×5基

2，成果：（1）連続発電：全機＝定格発電成功！実践開発：温暖化撃破に闘魂！

3，講評；：＊電力専門家＝電源開発：技師、東大教授、東京工大教授他。

（1），従来、考えられ無い事業だが今回は成功した。今後の開発を期待する。

（2）、今後の開発には、水利権獲得が重要課題である。国の賛同が必須条件！

（3），早期に開発して、温暖化撃破の健闘を期待する。！

4，実験記録

（1），発電機：全機定格発電成功す。
発電電力＝５kw生産

（2），全機・連続発電成功、各機照明点灯

（3），Tan30°傾斜角度にて、3m/secの水力発生す。

（4），今後計画＝10kw　発電計画

⑵，第一次　実証運転実験　写真集：千葉県我孫子市手賀沼実験場

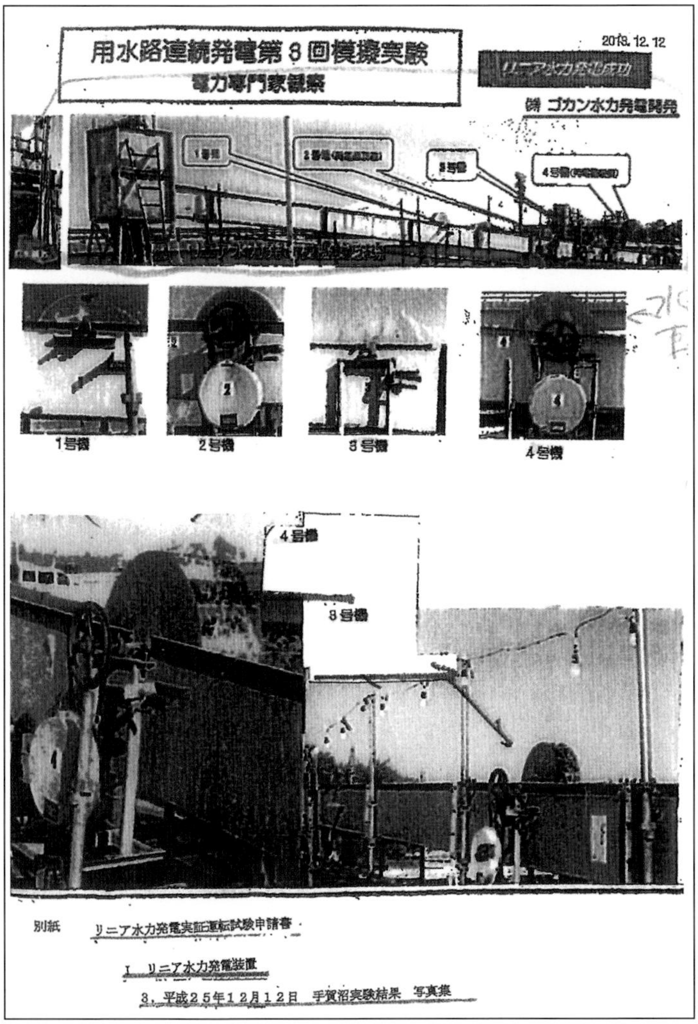

＊　「リニア水流連続発電装置」

A、水槽＝水速度発生装置

2 ㎥、地上 3 m、角度30度

B、鉄製用水路＝延長50m

高さ600mm、幅400mm

C、水車発電機　1 kw × 5 台

＊　実験工程 5 回：一回＝ 3 日

第 1 日目＝運搬、建設

第 2 日目＝実験、観察

第 3 日目＝解体、運搬

＊　実験結果　全項目成功

A、全機種発電成功

照明点灯・定格発電

B、水速度： 3 m/sec 成功

＊　観察官講評：発電専門 5 名

A、水流発電は世界初である。

B、新電力大発電を期待する。

C、原発、火力発は不要なり。

＊　今後の開発計画

A、 5 ～10kw/機に拡大計画

B、張翼水車の改良

C、用水路配備計画

D、水流勢力の確保

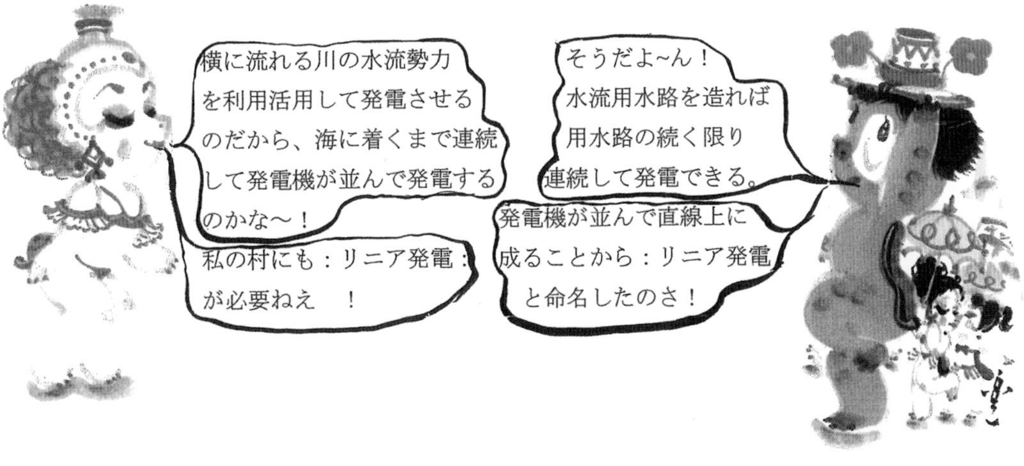

2．第二次実験場＝群馬県利根川水系：広瀬・桃木用水路｛平成27年｝

試験場：群馬県利根川水系・前橋市広瀬桃木用水路

＊　試験指針：改良張翼水車試験・発電機発電機能（３～５kw）・発電機間隔確認

(1)，張翼水車：直径＝１m、張翼ベケット＝１m、翼数＝12枚

(2)，水車発電機＝３kw発電機（３機）；連続発電成功｛定格発電｝

(3)，水車発電機間隔＝１m以上可能を確認す。

(4)，今回＝３kw・３m間隔運転：良好

(5)，５kwの実証運転試験は河川の都合により中止

(6)，５kw以上の仕様に就いては、張翼バケット形式に改良した。

(7)，今後１基当り10～20kw発電の計画が可能である。

＊　第二次実証運転試験　写真集　　：前橋市　広瀬・桃木用水路：

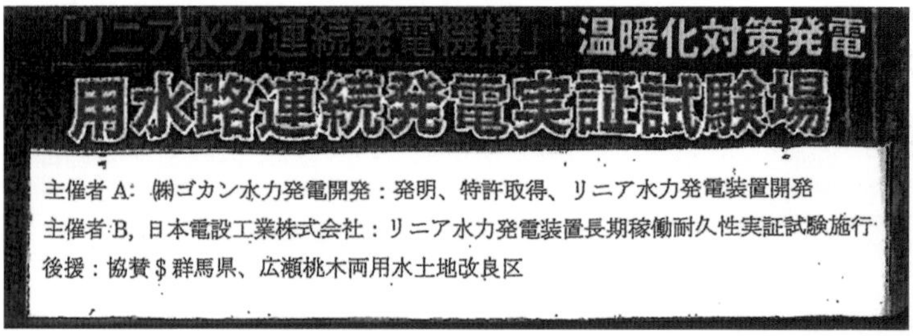

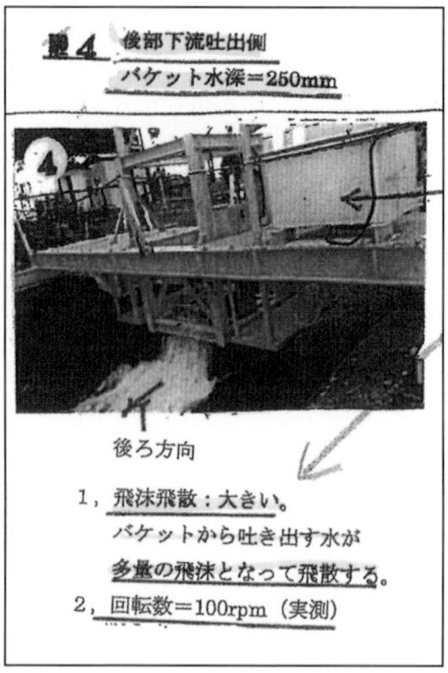

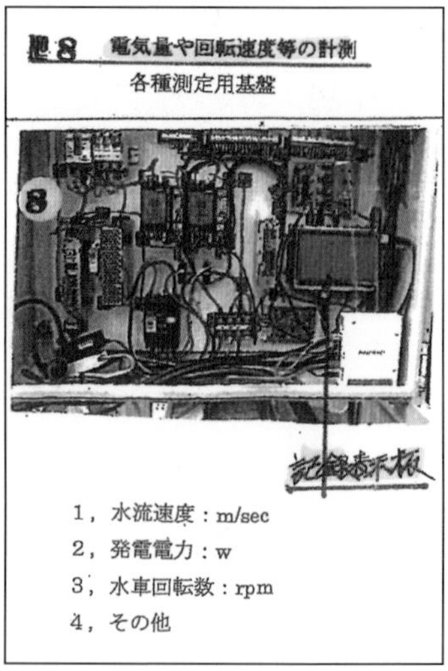

3．利根川の常時流水量エネルギー〔電力発生産に換算〕

※条件：常時水流流水量＝90m^3〔流水巾＝30m・水深３m〕仮定

※１m^{3}の水流１mの稼動電力エネルギー＝10kw発電

(1)　1000mに於ける電力量＝90万kw

約原子力発電量発電である。原発１基発電量80万kw

4．長翼バケット式水車発電機：{国際特許・取得}

5．「リニア水流連続発電」の効果

リニア水流連続発電 発表！

原発、火力発電を無用化する温暖化対策発電開発

① 投資効果：開発10KW×2 発電方式

投資効果：電力使用料金単価＝25 円 /KWH
用水路＝100m　長翼水車＝32 基　発電機＝64 基

投資効果：開発 10KW×2 発電方式

【1】投資額＝27,200 万円　（詳細右記）
【2】生産高＝14,016 万円／年
投資効果＝51%
2年弱で回収する。3年後から投資額が毎年収益化する。

現状の投資効果：5KW×2 発電方式

【1】投資額＝27,200 万円
【2】生産高＝ 7,008 万円／年
投資効果＝26%
4 年弱にて回収する。次年度から全額収入。

投資効果：開発 10KW×2 発電方式

【1】投資額＝27,200 万円
①用水路:100m＝2,000万円　④電気設備各種＝3,000万円
②水車数:32基＝6,400万円　⑤建 設 物 等＝3,000万円
③発電機:64基＝12,800万円

【2】生産高＝14,016 万円／年
①10KWG:64基＝640KW
②年 間 生 産 量＝5,606,400KWH
③年間電力料金＝14,016万円
※電力料金単価＝25円/kwh

投資効果＝14,016÷27,200＝0.51 ＝51%
投資額は 2 年間で回収する。

② 「リニア水流連続発電」のメリット

1 本発電装置は、河川等より発電用水路内に依る発電装置で300mで1,000KW強を発電して、使用後の水量は汚染すること無く元の河川等に返水出来る。
2 用水路の取水勢力は、水門により河川とは別々の水流回路となる。
3 200m～300m距離に$1m^3$弱の水量で1,000KW（330軒分）の発電が出来る。
4 市、町、村毎の発電開発が容易に可能である。何処にでも発電が出来る。
5 台風時や異常水災害時には、用水路の水門の閉塞に依り発電装置を防護する。
6 投資効果率が勝れている。
投資効果は、電力料金単価＝25円/ｋｗｈの計算で50%程度となる。2～3年で回収する。
その後は、投資額が年収となって回収出来る。
7 東電PG社電源と潮流結合回路とする。
7-1 東電に売電が可能となる。
7-2 東電異常時には、結合点開放にて無停電電源が可能である。(ブラックアウト防止)
※常に無停電電源回線であり、医療機関、OA機器会社等に不可欠な電力です。
7-3「リニア水流連続発電」の作業時は、電源切替にて東電電源を活用する。

6．生きたお金・資金＝緊急社会要求に投資効果ある事項

⑴, 投資金の使用方が、人命救助、各種救援、相手方が喜ぶ事項の出費は
「生きたお金」であるから、活きたお金は、沢山仲間を連れて帰って来る。

⑵, 投資を受けた人が、心底から喜び感謝出来る事項

⑶, 投資金で社会が改善されて、自分も心が晴れて明るく生きられる事項

⑷, 当事業は投資効果率が大である。

⑸, 投資内容が充実している。

Ⅲ,「リニア水力発電」世界に羽撃く！〔温室効果ガス排出ゼロ対策〕

鷲のイーグル「リニア水力発電」が温暖化撃破に挑む！

年々悲惨な生き地獄の強襲が続く温暖化現象を撃破し抑止出来る「リニア水力発電」を十余年掛かって発明開発し成功した。漸く実証運転となった。

「リニア水流連続発電」は、世界唯一にして膨大なる水力の自然エネルギー電力資源です。

1，原発、火力発に勝る発電量で有ることは研究、実験に因り明確です。本文参照！

2，「リニア水力発電」の威力は実践にある。全国で本事業に取り込む事です。

3，「リニア水力発電」の実証運転の成果！

　1 ㎥（浴槽水量）用水路に発電機（3 m）間隔

⑴，現状：発電機・5 kw—1,000mの発電量
　＝1650kw ｛住戸・550軒分｝

⑵，今後の計画発電機容量：10～20kw、用水路水量：1,5㎥
　20kw—1,000mの発電量＝6,600kw ｛住戸・2.200軒分｝

＊　皆様方にお願い申し上げます。

4，日本には、原発、火力発の数倍の水流発電の資源が眠っているのです。
　発電用水路の建設で、山でも、里でも、市街地でも発電所が出来るのです。

5，皆様！「リニア水力発電」事業で悪鬼温暖化撃破に団結突進頑張りましょう！

参.「リニア水流発電」：温暖化対策発電活用＊闘争の巻！

＊ 新開発 ｛リニア水力発電｝ 全国講演発表実施：賛同者応募 ＊

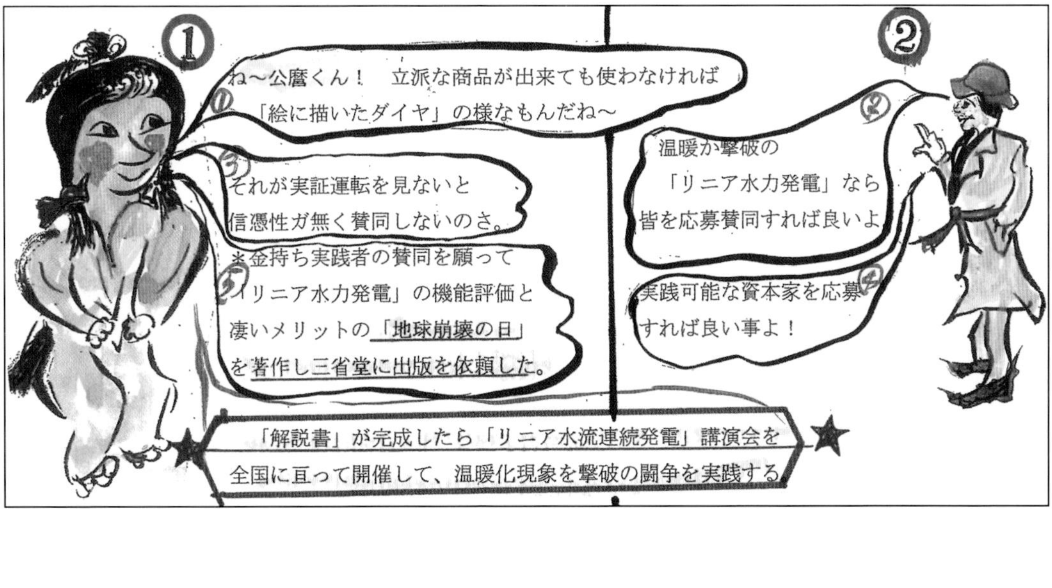

★　{ご挨拶 Ⅳ「地球最期の日」　・漫画の巻・}　★

地球を蘇生させる新開発「リニア水流連続発電」

{「リニア水流連続発電」：水流体　理論・原理・法則発見：日本國　後閑始}

＊　講演会資料　　　　　　　　　講演者　後閑始

＊　読者のみなさまえ！

{ご挨拶―Ⅳ・漫画の巻＊}に就いては、著者の要請に因り原稿儘、掲載しました。ご容赦下さい。　　　　三省堂書店　創英社

（Ⅰ、）自己紹介

不肖私、十数年前に世界未発見未発表の、「新水流体理論の原理・法則」を発見して、「リニア水流連続発電装置」の発明をして研究・実験・開発の結果、　原発・火力発電に勝るとも劣らない新規「リニア水流連続発電」を成功しました。

今や、地球を崩壊せんとする{温室効果ガスを起因とする「温暖化現象」}を撃破滅却の為に生涯を投じて奮励激闘に邁進する覚悟の「後閑始」です。

（Ⅱ、）講演内容の主旨

百年後に：地球は崩壊する：{パリー協定（COP16）}：の宣言に対処すべきは、「温室効果ガス「温暖化現象起因」}を撃破抑止である。

火力発電を無用化するには「リニア水流連続発電化」に革新すべきなのです。

＊今回出版の「地球最期の日」は、火力発電を無用化して「地球温暖化」撃破に有ります。

（Ⅲ、）著書の要旨を、和歌にて　解説して見ましょう。

「水流」が ――　「火力」撃破の ――「発明」は

「メリット」多く ――「地球　を救う」！

1，熟語解説

（1），「水流」：　河川水流の膨大なるエネルギーの活用{後篇―Ⅰ& Ⅰ(Ⅰ)}

（2），「火力」：　火力発電は、温暖化現象の起爆剤{本分―Ⅱ}

（3），「発明」：　水流エネルギーを活用した「リニア水流連続発電」{本分―Ⅲ}

（4）、「メリット」：　原発、火力発に勝る「リニア水流発電量」{本分―Ⅲ―3}

（5），「地球を救う」　＊{温室効果ガス排出零対策}＊

ⅰ、国内全土の何処でも発電可能：山岳地山里に電気興業開発。

ⅱ、電力生産量が世界屈指の大国と成る。

ⅲ、電気興業大国に発展する。

ⅳ、新世紀＊地球の誕生！　{付録：「新世紀・人間の条件」}

（Ⅳ、）＊漫画の巻＊　本書の内容一部を漫画で解説！

★（Ⅴ、）{地球崩壊最後の日}＊著書内各種表題のタイトル　＊

①，ご挨拶：「リニア水流連続発電」緊急活用の必要性

②，前編の＊まえがき＊：温暖化対策に「リニア水流連続発電」の活用実践！

③，＊{本分・説明}＊世紀の発明「リニア水流連続発電必須不可欠活用性」の解説！

④，後篇：新発見の{水流体力学各種・理論、原理、法則}を解説

⑤，{付録}：地球蘇生世界の「新世紀・人間の条件」明るく、元気で、前向き道徳！

⑥，＊「リニア水流連続発電装置」・{模型解説}

Ⅳ、{ご挨拶・漫画の巻}：「温暖化抑止対策傑作書」＝{温室効果ガス排出零対策}

“あらまし”を漫画で解説のまき！

・{漫画の巻}・　目　　　次

＊「本書」{温暖化撃破闘争　現実}の・あらまし！

「リニア水力発電」は、世界無比の原理、理論を発見発明して「憎き温暖化現象撃破」を主眼点として開発した。過去十年は苦しく艱難辛苦の積み重ねであった！漸くにして{原発、火力発}を無用化するスタートラインに立ちました。
目指すは実践有るのみです。！
＊皆様の御声援をお願い申し上げます。

＊「本発明」は、世界のソクラテスやアルキメデス博士等学者も気が付か無かった「リニア水力発電装置」故に「現在に活躍為す商品」自信を持って提供するものです。本分を楽しんで下さい。！
「フランスパリー協定COP16」宣言で{地球崩壊は100年}と言ってます！
今や世界の対策もどうですかね～
「リニア水力発電」頑張ってよ～！

★ 地球崩壊の日 ＊： 序論 ：＊ ★

＊「本書・あらまし」を漫画説明＊

＊｛温室効果ガス排出零対策｝＊
｛起点｝Ｉ号”地球崩壊の日”＝「温暖化撃破」を目途に著作！
出版社＝三省堂｛創英社｝　著者＝㈱ゴカン水力発電開発社長　後閑始
①
＊「地球崩壊の日」と言う本が：三省堂：から出版されたけれどどうしたら良いのだろう！
＊地球が空中分解するのかな！
②
地球は崩壊するのでは無く「地球の温暖化」が此の儘進むと地球に生息している動植物や汎ゆる生物が全て全滅する事を「崩壊する」と危険表示したのです。
＊然し本当のことだから人類挙って真剣に挑むべきなのです。
③
＊其の通り！人類が生活状況上、石炭、石油系、その他ガスの燃焼により排出する炭酸ガス（CO2）が地球を温暖化して、水蒸気を多数発生させるから、激しい温暖化現象を引き起こしているのさ！
＊フランス・ぱりー協定 COP16（世界 190 ヶ国結集）にて宣言した＊「此の儘温暖化が進むと地球は百年後には崩壊する」＊である月や火星のような惑星に成ってしまうのだ！＊既に現在生き地獄の悲惨な現象が現実化し其の兆候が頻発して来たのだ！
④
早く！どうにか出来ないの～！
⑤
＊世界無比新発明の「リニア水力発電」は温暖化撃破の為に 10 年前から発明実験、開発して世界の国際特許まで取得して温暖化撃破の為に闘魂を尽くして奮闘努力しているのだ＊全人類が「温室効果ガス排出零対策」の団結精神を造る！
⑥
＊「リニア水力発電」は有能な「メリット」が多く、世界で広く活用すれば原発、火力発電は不要となり：温暖化現象を撃破するは必定です。
⑦
＊されど今や宣伝不足や相当のアピールも無く、出版本にてアピールすることになった
⑧
＊今後は、日本全国内を「リニア水力発電講演会」で温暖化撃破を計画する。
＊｛温室効果ガス排出零対策｝＊

★ 地球崩壊の日　＊{温室効果ガス}＊ ★

★ 壱 地球温暖化現象対策の巻 ★ ＊{地球を蘇生させるのは、人類の団結力}

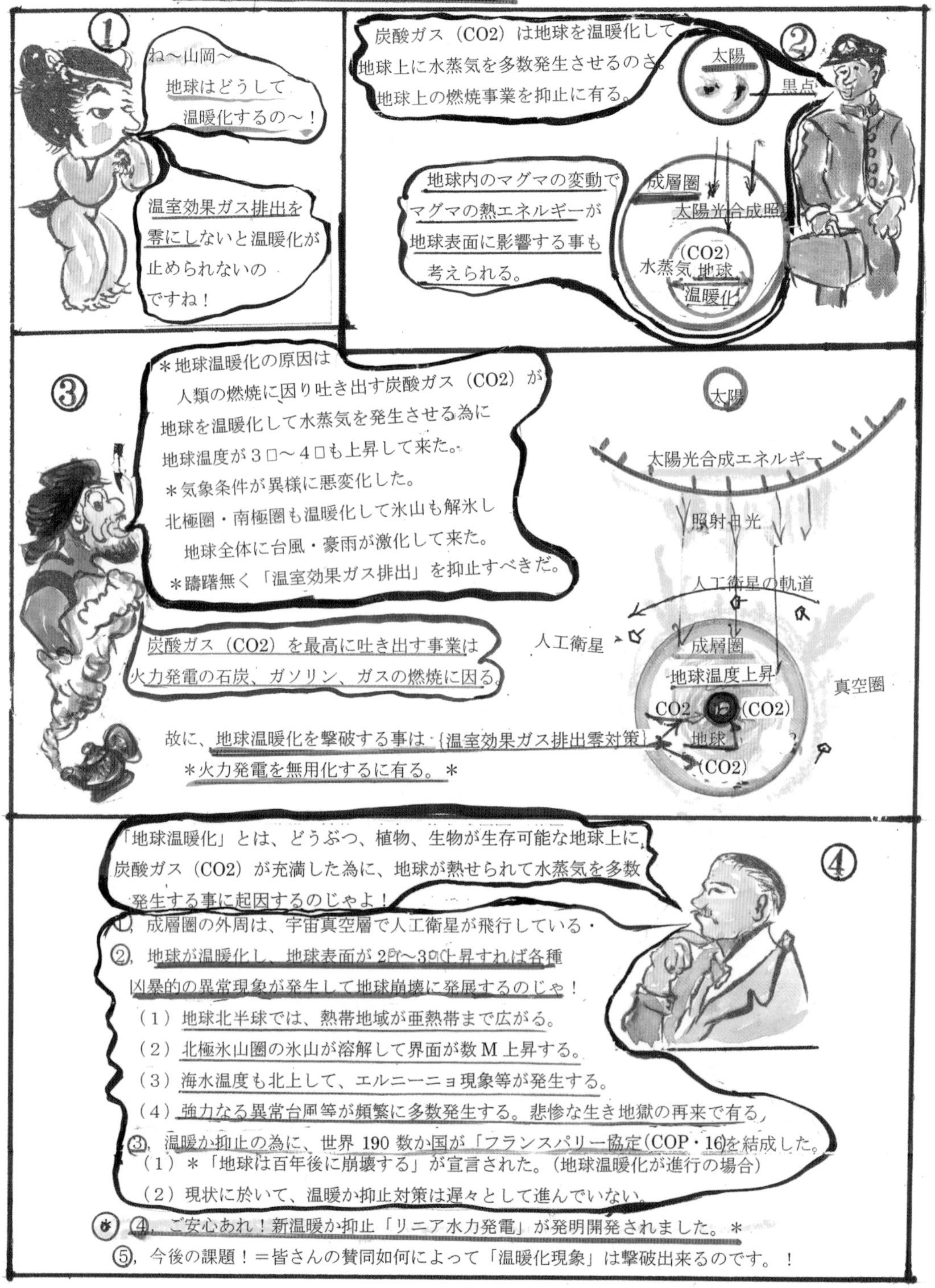
①
ね～山岡～
地球はどうして
温暖化するの～！
温室効果ガス排出を
零にしないと温暖化が
止められないの
ですね！
②
炭酸ガス（CO2）は地球を温暖化して
地球上に水蒸気を多数発生させるのさ。
地球上の燃焼事業を抑止に有る。
太陽
黒点
地球内のマグマの変動で
マグマの熱エネルギーが
地球表面に影響する事も
考えられる。
成層圏
太陽光合成照射
(CO2)
水蒸気
地球
温暖化
③
＊地球温暖化の原因は
人類の燃焼に因り吐き出す炭酸ガス（CO2）が
地球を温暖化して水蒸気を発生させる為に
地球温度が３□～４□も上昇して来た。
＊気象条件が異様に悪変化した。
北極圏・南極圏も温暖化して氷山も解氷し
地球全体に台風・豪雨が激化して来た。
＊躊躇無く「温室効果ガス排出」を抑止すべきだ。
炭酸ガス（CO2）を最高に吐き出す事業は
火力発電の石炭、ガソリン、ガスの燃焼に因る。
太陽
太陽光合成エネルギー
照射日光
人工衛星の軌道
人工衛星
成層圏
地球温度上昇
真空圏
CO2
(CO2)
地球
(CO2)
故に、地球温暖化を撃破する事は{温室効果ガス排出零対策}
＊火力発電を無用化するに有る。＊
④
「地球温暖化」とは、どうぶつ、植物、生物が生存可能な地球上に、
炭酸ガス（CO2）が充満した為に、地球が熱せられて水蒸気を多数
発生する事に起因するのじゃよ！
①, 成層圏の外周は、宇宙真空層で人工衛星が飛行している・
②, 地球が温暖化し、地球表面が2℃～3℃上昇すれば各種
凶暴的の異常現象が発生して地球崩壊に発展するのじゃ！
（１）地球北半球では、熱帯地域が亜熱帯まで広がる。
（２）北極氷山圏の氷山が溶解して界面が数Ｍ上昇する。
（３）海水温度も北上して、エルニーニョ現象等が発生する。
（４）強力なる異常台風等が頻繁に多数発生する。悲惨な生き地獄の再来で有る。
③, 温暖か抑止の為に、世界 190 数か国が「フランスパリー協定(COP・16)を結成した。
（１）＊「地球は百年後に崩壊する」が宣言された。（地球温暖化が進行の場合）
（２）現状に於いて、温暖か抑止対策は遅々として進んでいない。

④, ご安心あれ！新温暖か抑止「リニア水力発電」が発明開発されました。＊

⑤, 今後の課題！＝皆さんの賛同如何によって「温暖化現象」は撃破出来るのです。！

★弐 温暖化対策発電発明開発＊苦闘実践の巻！★

「リニア水力発電」発明開発の巻　！　{ご挨拶－Ⅰ、を参照}

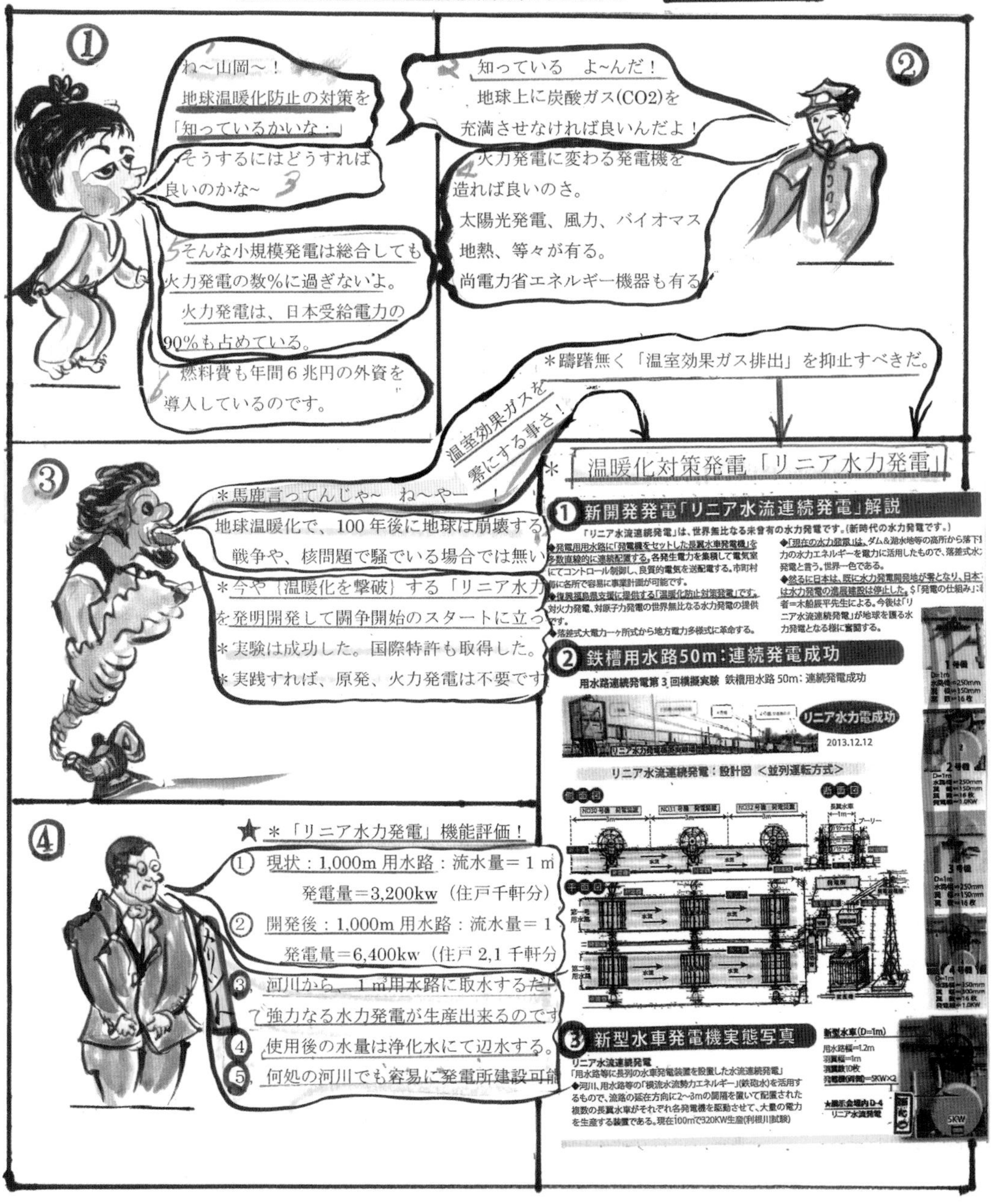

★㊜「リニア水力発電」：温暖化対策発電活用＊闘争の巻！★

＊新開発｛リニア水力発電｝全国講演発表実施：賛同者応募＊

＊全人類が「温室効果ガス排出零対策」の団結精神を造る！

★ 四「リニア水力発電」原理、理論、機能性、＊実証実験の巻！ ★

{Ⅵ：参照}「リニア水力発電」実証運転＊{世界：国際特許：取得}

①

ね〜先生！
＊どんな
実験なの！

②

＊新開発{リニア水力発電}

河川の水流を利用して、水車発電機を多数並べて発電させる事で
世界中の人が誰も考えられなかった新発明の水力発電なのだ！
＊特許を出願したが{原理、理論、機能性の解説では到底にして
にして特許の承諾は難しいのです。
実証実験して優秀なる機能の姿を示す為なのさ！

実験指針としては、：①，用水路の水流勢力は、仕様に依り永遠に
不変で有る。②，用水路内に発電機を多数連続設置しても発電力は
定格で発電する。これら信憑性を証拠ずける為に実験するのだよ！

③

然し、水力の利用に就いては＊「水利権」＊と言う難関問題を突破するのだ。
1級、2級河川から地方河川に至るまで権利がありて、仕様承認を必要とする。
1，国有河川＝国交省、農林水産省、からの承認許可が必要だ。
2，地方ローカル河川等＝県庁、及び農業、漁業、林業等々利権者承認を要する。
＊今後は、{温暖化対策「リニア水力発電」}として国家利権を獲得に挑戦する。

④

1，実験概要＊詳細＝P：：NO5＆NO6
＊場所：千葉県我孫子市手賀沼実験
施行日＝2013年10月〜12月
工程＝1回3日（設置、実験、撤去）
実験回数＝6回
水槽＝2 m^3、高さ＝3m

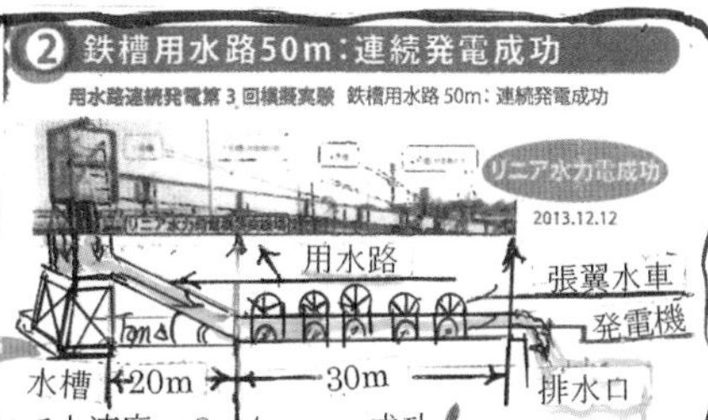

② 鉄槽用水路50m：連続発電成功
用水路連続発電第3回模擬実験　鉄槽用水路50m：連続発電成功
リニア水力電成功
2013.12.12
用水路
張翼水車
発電機
水槽
20m
30m
排水口

（1），水流勢力発生装置：Rad＆Tan⊿にて水速度＝3 m/sec――成功！
（2），鉄槽用水路：幅＝350mm、高さ＝600mm、距離＝50m、流水量＝3 m^3
（3），張翼水車×5基：直径＝1m、幅＝300mm、（4），発電機＝1 kw×5基
2，成果：（1）連続発電：全機＝定格発電成功！実践開発：温暖化撃破に闘魂！
3，講評；：＊電力専門家＝電源開発：技師、東大教授、東京工大教授他。
（1），従来、考えられ無い事業だが今回は成功した。今後の開発を期待する。
（2）、今後の開発には、水利権獲得が重要課題である。国の賛同が必須条件！
（3），早期に開発して、温暖化撃破の健闘を期待する。！
4，実験記録
（1），発電機：全機定格発電成功す。
発電電力＝5 kw生産
（2），今回は、小規模電力の実験
（3），実践運転計画：将来計画：
1基発電電力＝20kw発電
1 km発電量＝12,800kw
年間生産高＝27億6千万円

リニア水流連続発電：設計図 <並列運転方式>

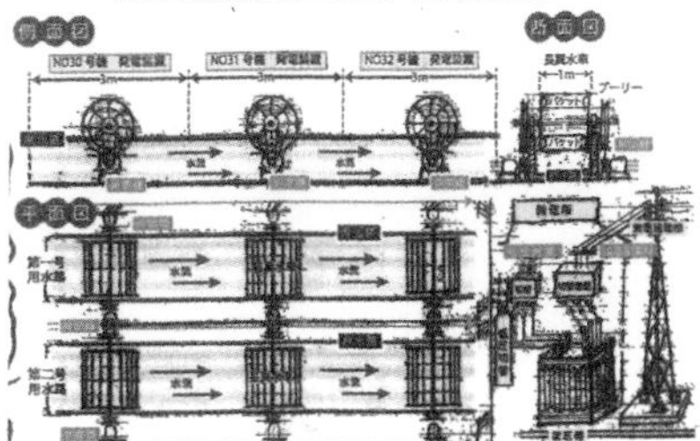

3m
1m
プーリー

{本文Ⅷ：参照} リニア水流連続発電｝＊実践運転第一号開発Ｇ＊

五 ＊世界無比｛「リニア水力発電」暁の門出！全国講演発表会の巻

REIF リーフふくしま2018 主催／福島県・公益財団法人福島県産業振興センター

REIF ふくしま2018：ビッグパレット選抜講演者：㈱ゴカン水力発電開発社長

{福島復興研究発表会}「リニア水力発電」出展参画：絶賛好評！

1，2011年3月11日：太平洋沖にて、①大地震発生、関東、東北地区②大津波強襲、
更に③福島第二原発破壊爆発の三凶事件が勃発した。福島現状には無惨な光景にて
生き地獄の悲惨な戦慄に怯え慄いた。沿岸地帯は全てがこの地獄の世界である。

2，あれから九年。真逆の地獄の世界は苦しく長く続いている。
「光陰矢の如し」と言うが、福島県民は帰る場所もなく苦しみの世に喘いでいる。

3，地獄の世界を喘ぎ苦しむ福島県を復興させる為に、「福島復興会」が立ち上がった。

①

「福島復興研究発表会」ってどんな事なの！

②

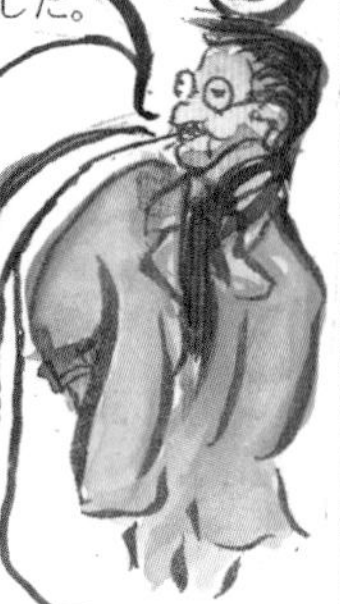

＊2011年の東北大震災の災害3凶苦に遭遇した。今も尚、生き地獄の悲惨な世界に喘いで生活をしている福島県民を援助救援して元気付け早期に元の楽園の故郷に帰省出来る様に、復興を応援する事業なのさ。

＊：世界的新発明の「リニア水力発電」の展示出展講演の発表会に参画したのも、社会的賛同者の声の信憑性を確認し、又福島県内の実業家を応募して福島県に世界無比の「リニア水力発電」開発発展に因る。

★：世界無比：{温暖化対策「リニア水力発電」}が実証運転すれば、福島県に七色のリニア発電がピカパカ照明し、強力なる発電電力は荒れた山里を工業都市に改変する。疎開して故郷偲ぶ県民は帰省する。工業団地化すれば新しき若者達も集い寄り来て改革された「新福島県」が建設される。

③

＊「福島復興研究発表会」は：{「REIF ふくしま2018} 郡山ビッグ }で開催

★ 開催日：2018年11月7日～8日　：詳細は第Ⅷ章　P—No50～No57

①、世界201企業社参画：選抜講演20社中—筆頭講演に推薦された。

②、講演内容は、第□章に因る、更にふくしま復興音頭を唄い喝采を博した。

③、成果は、両日で60企業の賛同を得た。福島、宮城、東京の方々だ。

④、即、実践開発会社は5会社だった。

★⑤、福島大災害地区の㈱南相馬メンテナンスとした。

＊11月末現調開始す。南相馬市東北電力水力発電の放水路地域を設定して、仕様承認、水利権交渉を実施した。

＊2019年5月着工す。

＊同年10月：台風豪雨で全域が崩壊した。
今回は悲しき夢物語になった。！

＊｛X：参照｝＊　「特許出願中」！

★ 六 ＊「発電・堤防」発明＊｛「リニア水力発電」｝七色効果発揮の巻 ★

＊「発電・堤防」：決壊した「河川護岸堤防改良」に、旧堤防上に「発電用水路」を嵩上げす。

★「発電・堤防」特許出願中　★「発電・堤防」特許出願　：　令和２年正月 15 日

①

＊台風豪雨に襲来され、日本全土の河川護岸堤防が決壊し生き地獄の悲惨な現実を見た。
即座に「発電・堤防」を発明して：特許を出願した。
＊「リニア水力発電」は七色の効果を発揮して、蒼き楽園の地球に虹を懸けて蘇生する。

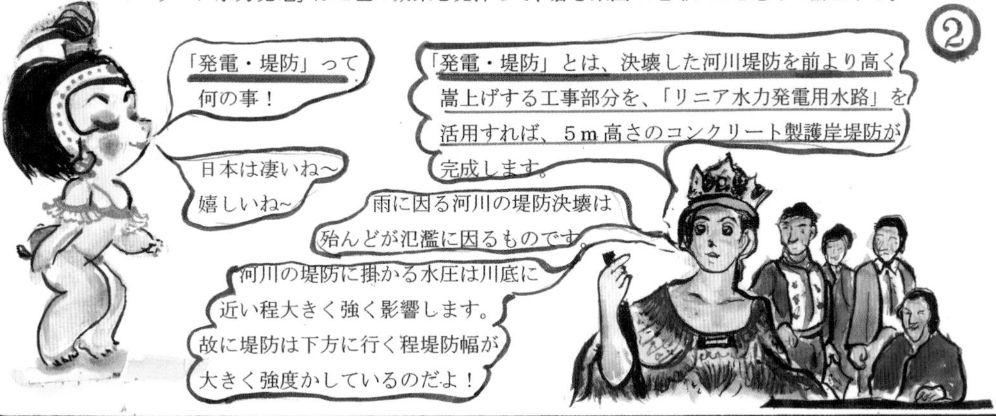
②
「発電・堤防」って何の事！
「発電・堤防」とは、決壊した河川堤防を前より高く嵩上げする工事部分を、「リニア水力発電用水路」を活用すれば、５m 高さのコンクリート製護岸堤防が完成します。
日本は凄いね～嬉しいね～
雨に因る河川の堤防決壊は殆んどが氾濫に因るものです。
河川の堤防に掛かる水圧は川底に近い程大きく強く影響します。故に堤防は下方に行く程堤防幅が大きく強度かしているのだよ！

＊「発電・堤防」：河川両岸堤防の護岸強化対策として、堤防上部に「リニア水力発電用水路」を活用して、高さ５m のコンクリート製堤防を嵩上げ強化する。

③

従来の護岸工事には、莫大な経費を費やした。！

★ ＊メリット！

「メリット」：｛七項目の利的効果｝＝＊一挙七色利＊
「一石二鳥」や「一挙両得」は有るが今回は「一挙七得」で有る。

1. 堤防上に５m 高さの用水路嵩上げ。
2. 「リニア水力発電」電力生産。
3. 火力発電を抑止する。
4. 地球温暖化を抑制する。
5. 火力発電の外資予算燃料費を削減できる。
6. 原発の不要化可能。
7. 都心への飲料水等運搬事業化。

④

温暖化防止しながら経済効果が有るさ！
後は政治家にまかせるさ～！
そんなに旨く行くかしらね~！

＊「発電・堤防」特許出願中＊

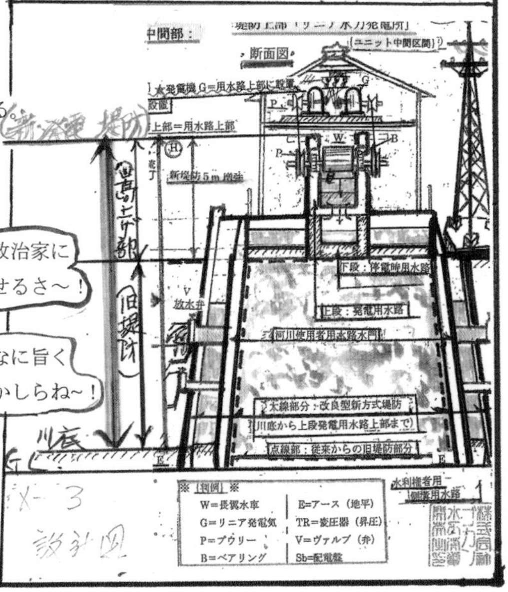
中間部：
断面図
(ユニット中間区間)
上部＝用水路上部
新堤防５m 増強
旧堤防
川底
V 放水弁
下段：停電時用水路
上段：発電用水路
河川使用者用水路水門
太線部分：改良型新方式堤防
川底から上段発電用水路上部まで
点線部：従来からの旧堤防部分
※［判例］※
W＝長翼水車
G＝リニア発電気
P＝プウリー
B＝ベアリング
E＝アース（地平）
TR＝変圧器（昇圧）
V＝ヴァルブ（弁）
Sb＝配電盤
水利権者用 側溝用水路
X－３
設計図

★ 七 液体の{「落下と流れ」の限界原理}理論発見の巻！★ 其の壱

＊詳細は{後篇：III を参照}

＊「滝は、水の落下現象」であり：「河川や用水路等は 、水の流れ現象」で有る。
勾配に因る流水の「落下と流れ」境界傾斜角度は、ラジアン＆タンジェント函数に因る

★ ＊世界のアインシュタイン博士、や日本の各理学系博士も{液体の「落下と流れ」の境界原理}理論の解析発表は無かった。

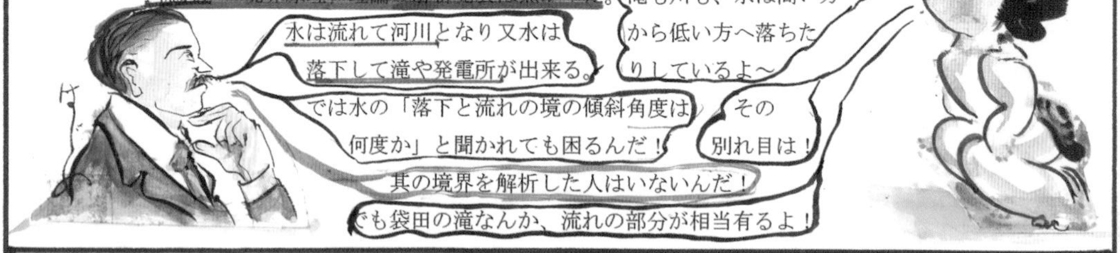

水は流れて河川となり又水は落下して滝や発電所が出来る。
滝も川も、水は高い方から低い方へ落ちたりしているよ～
では水の「落下と流れの境の傾斜角度は何度か」と聞かれても困るんだ！
その別れ目は！
其の境界を解析した人はいないんだ！
でも袋田の滝なんか、流れの部分が相当有るよ！

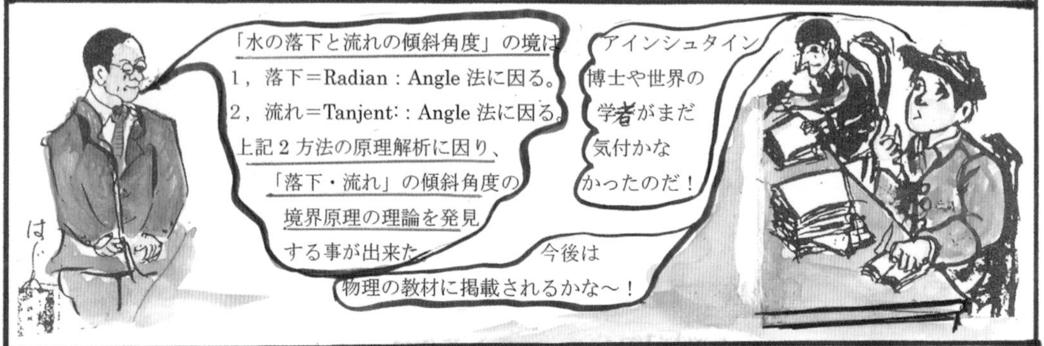

「水の落下と流れの傾斜角度」の境は
1，落下＝Radian：Angle 法に因る。
2，流れ＝Tanjent:：Angle 法に因る。
上記 2 方法の原理解析に因り、「落下・流れ」の傾斜角度の境界原理の理論を発見する事が出来た
アインシュタイン博士や世界の学者がまだ気付かなかったのだ！
今後は物理の教材に掲載されるかな～！

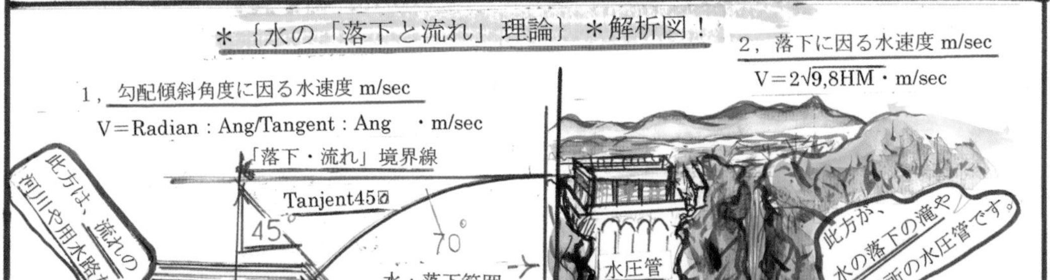

＊{水の「落下と流れ」理論}＊解析図！
1，勾配傾斜角度に因る水速度 m/sec
V＝Radian：Ang/Tangent：Ang ・m/sec
2，落下に因る水速度 m/sec
V＝2√9,8HM・m/sec
「落下・流れ」境界線
Tanjent45
45°
70°
20°
水：落下範囲
水斜面 Slope
水：流れ範囲
45
45
用水路
(V1)
(V2)
水圧管
発電所
滝
此方は、流れの河川や用水路だよ～ん！
此方か、水の落下の滝や発電所の水圧管です。
水の「落下と流れの傾斜角度」の境界線が 45 度が良く理解出来たよ！

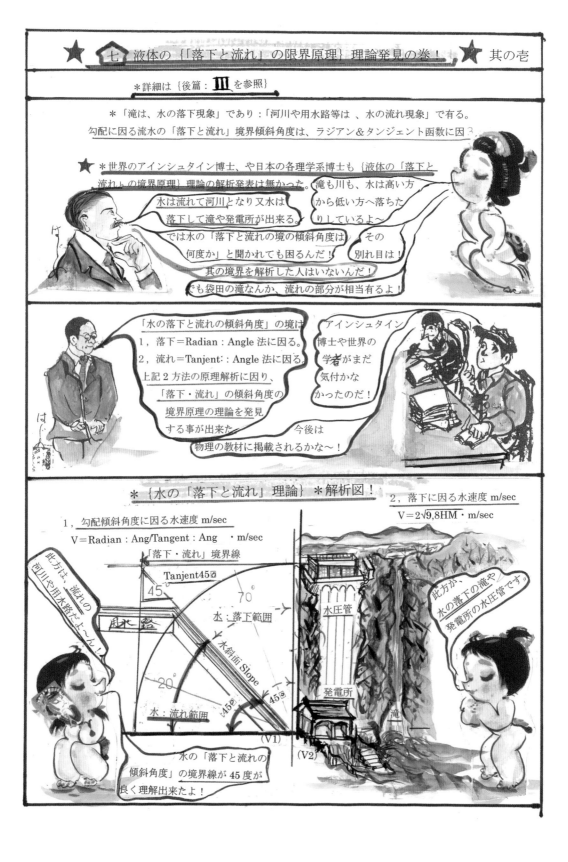

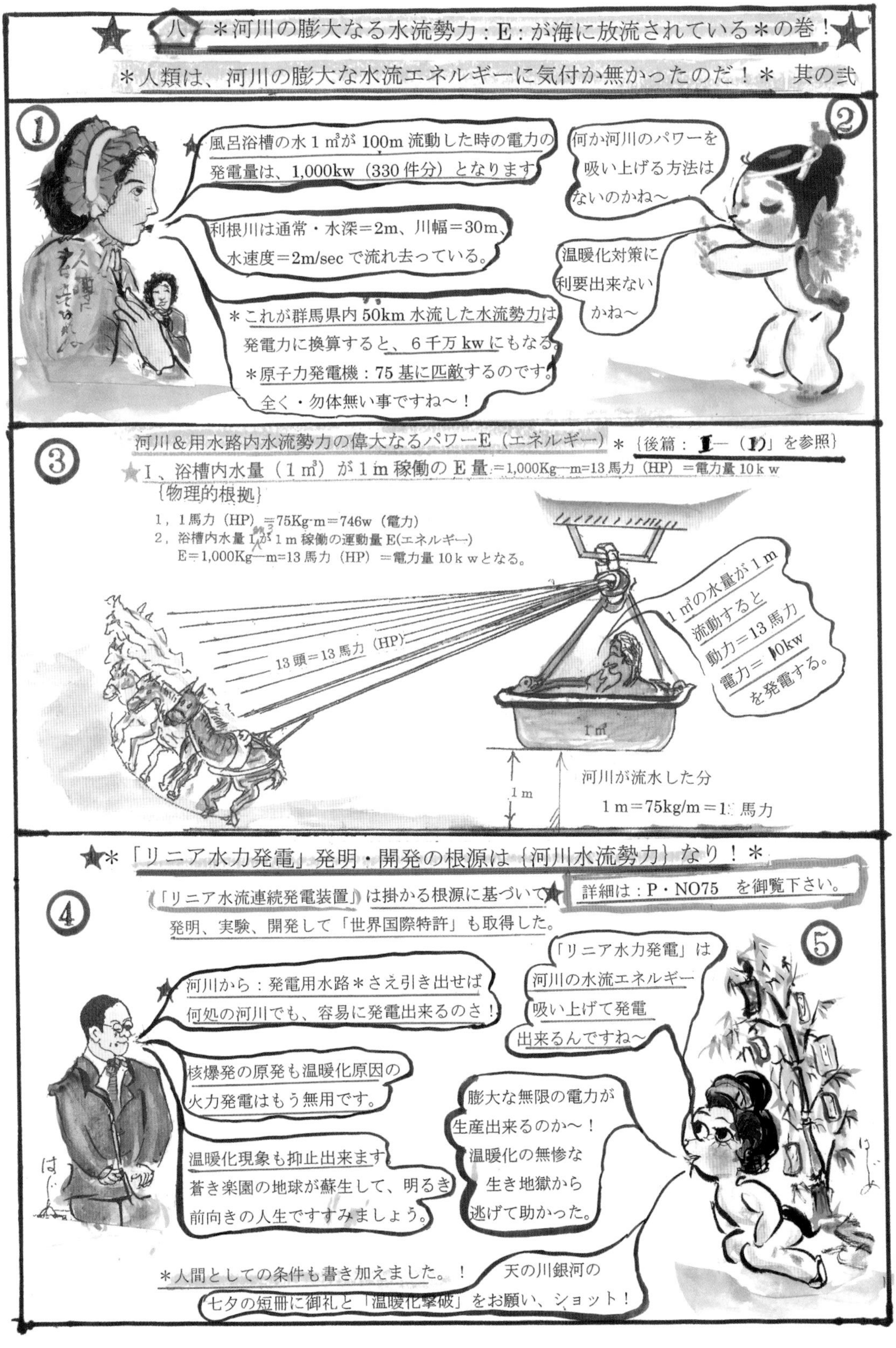
八　＊河川の膨大なる水流勢力：E：が海に放流されている＊の巻！
＊人類は、河川の膨大な水流エネルギーに気付か無かったのだ！＊　其の弐
①
風呂浴槽の水１m³が100m 流動した時の電力の発電量は、1,000kw（330件分）となります
利根川は通常・水深＝2m、川幅＝30m、水速度＝2m/sec で流れ去っている。
＊これが群馬県内 50km 水流した水流勢力は発電力に換算すると、６千万 kw にもなる。
＊原子力発電機：75 基に匹敵するのです。全く・勿体無い事ですね～！
②
何か河川のパワーを吸い上げる方法はないのかね～
温暖化対策に利要出来ないかね～
③
河川＆用水路内水流勢力の偉大なるパワーE（エネルギー）＊｛後篇：Ⅰ—（Ⅰ）」を参照｝
Ⅰ、浴槽内水量（１m³）が１m 稼働の E 量＝1,000Kg—m=13 馬力（HP）＝電力量 10ｋｗ
｛物理的根拠｝
1，1馬力（HP）＝75Kg-m＝746w（電力）
2，浴槽内水量 1m³が１m 稼働の運動量 E(エネルギー)
E＝1,000Kg—m=13 馬力（HP）＝電力量 10ｋｗとなる。
13 頭＝13 馬力（HP）
1 m³の水量が１m流動すると動力＝13 馬力電力＝10kwを発電する。
1m³
1m
河川が流水した分
1m＝75kg/m＝1: 馬力
＊「リニア水力発電」発明・開発の根源は｛河川水流勢力｝なり！＊
「リニア水流連続発電装置」は掛かる根源に基づいて発明、実験、開発して「世界国際特許」も取得した。
詳細は：P・NO75　を御覧下さい。
④
河川から：発電用水路＊さえ引き出せば何処の河川でも、容易に発電出来るのさ！
核爆発の原発も温暖化原因の火力発電はもう無用です。
温暖化現象も抑止出来ます。蒼き楽園の地球が蘇生して、明るき前向きの人生ですすみましょう。
⑤
「リニア水力発電」は河川の水流エネルギー吸い上げて発電出来るんですね～
膨大な無限の電力が生産出来るのか～！温暖化の無惨な生き地獄から逃げて助かった。
＊人間としての条件も書き加えました。！
天の川銀河の七夕の短冊に御礼と「温暖化撃破」をお願い、ショット！

＊世界の学者ソクラテスもアインシュタインも気付か無かった！
＊九　＊河川・用水路｛勾配傾斜角度に於ける水速度(E)｝発見！（其の参）
①
＊落下水速度・産出の根源「ラジアル係数（β）」解説
円周上＝90°
C点
円周上＝90°
① Rajial係数
β「放射状半径」
30° 60°
A端
直径＝180°
B端
＊｛後篇：Ⅳ　を参照｝
（1）底辺を直径の内接三角形内角の和は180度
（2）底辺直径の円周全ての点は、90度である。
（3）直径両端の角度は、合わせて90度である。
直径の両端と、円弧上の点にに於ける三角形の円弧上のC点に於ける角度は、円弧上の何れの点に於いても90度である。
三角形内閣の和は180度だから直径を底辺とする円弧上の全て点は90度となるのか！
中心点Oから円周に放射状の時限的位置の軌跡をラジアル（Rajial）β係数とする。
三角形円周上のC点の位置が変われば、直径両端の角度は反比例しながら90度を保持するのですね。
＊最後は180度の直線になりますね！
②
＊落下水速度を用水路水流速度に変換の理論
発電用水路
45°
H
β
＊落下点運動量
9,8QH=1/2MV2
H・水圧管高さ（滝）
ラジアル係数：β
β＝斜面勾配角度÷90度
＊V・斜面勾配用水路水流速度
V=落下点水速度×β
＝勾配水速度となる。
先ず水の落下速度を求めるのですね！
次にラジアル係数βを求めるのか！
＊最後に最高落下速度にβを乗ずれば「斜面水流速度」が求められるのだ。
③
＊斜面用水路水流速度は、最高落下水速度にβ係数を乗ずる！
① 勾配傾斜角度に因る水速度 m/sec
V＝Radian：Ang/Tangent：Ang　・m/sec
② 落下に因る水速度 m/sec
V＝2√9,8HM・m/sec
「落下・流れ」境界線
Tanjent45゜
45°
70°
20°
水：落下範囲
水斜面 Slope
45゜
45゜
水：流れ範囲
(V1)
(V2)
水圧管
発電所
滝
落下点
1，β＝ラジアル係数
勾配20度＝20/90＝0,22
2，水落下水圧 H＝30m
V＝2√9,89QH・m/sec
3，H30V＝24,2m/sec
高さ30mの落下点水速度は24,2m/sec
この値にβを乗ずれば望の水速度は可能
｛EX｝30mHの水速度
1，30mH＝24,2m/sec
2、勾配＝20度
V=24,2×0,22＝5,3m

⑥「リニア水流連続発電装置模型」・解説！

Ⅰ，名称：発電用水路内に連続して多数設置した「長翼水車発電装置」に水流エネルギーを流水すると、一直線上に配置した「長翼水車発電」が連続発電系統的となる。

＊一直線上に数m間隔で「水力発電所」が連続発電系統的の為｛リニア水力発電｝とした。

Ⅱ，模型構成：図形＝原図：１／４縮尺

１，発電用水路原図：幅＝1,2 m、深さ＝１m、流水量＝１㎥

２，長翼水車原図：直径＝１m、長翼幅＝１m、バケット＝250mm × 1 m

３，発電機現在定格：３kw～５kw

４，新改良水車｛旧水車を発明開発して「国際特許」取得｝定格：５kw～10kw

＊長翼水車の開発により「発電効果増強」が可能である。

Ⅲ，「リニア水流連続発電装置」現在の発電能力：実績

発電機定格＝３kw～５kw　用水路流水量＝１㎥、 水速度＝５m／sec

１，発電生産量：参考｛現時点の条件｝・(利根川水系常時流水量＝60㎥と仮定)

２，東京～前橋間＝100km｛発電用水路区間｝

⑴，発電用水路６並列回線　使用水量＝６㎥（利根川水系の10%）

３，発電生産量　・発電機間隔＝３m・

⑴，100m ＝320kw × ６＝1920kw

⑵，1,000m ＝19,200kw

⑶，100km ＝｛利根川水系・東京～前橋間｝＝192万kw

＊⑷，原発＝80万kw発電：原発の2.5倍・優勢

Ⅳ，「リニア水流連続発電装置」模型写真の説明！

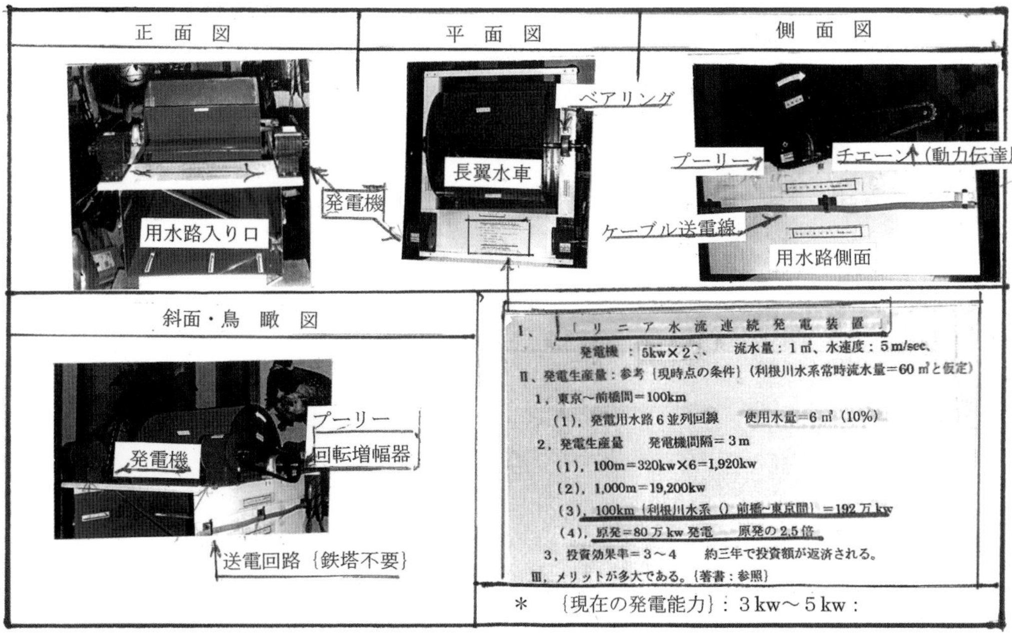

前　篇　　まえがき

｛地球最期の日｝

“ あの山が　　今日はこちらが　　崖崩れ

　　　　　　地獄絵造る　　憎し温暖化　！”

＊「憎き！温暖化現象」は、年々過激化して地球全土強襲するに至った。
本書は此の惨劇を「発明開発」に因って＊撃破する闘争の書です。

I，従来 ｛必要は、発明の母なり！｝ と言われていた

＊　台風豪雨地震等！悲劇の悪魔に遭遇し、地獄の底を彷徨いて救け求める悲惨な叫び！
「助け求める悲惨な叫び声の必要」は、温暖化現象を抑止して楽園世界の人間宇宙を喚起する悲痛なる「必要なる助けを求める悲鳴」であった。

＊　此の ｛必要なる助けを求める叫び声に応える発明｝ こそが「「発明は必要の母なり」」と成って心の愛を含んだ成果が果たせる確信を持った。

今回 ｛ 発明は、必要の母なり！ ｝ となったのです。

更に、此の慄く叫び声に応える為に「火力発電が原因となる温暖化現象」を抑止する為に、火力発電電力発生量に勝る「リニア水流連続発電装置」を発明開発した。躍進する発明が必要となった。

「リニア水流連続発電」

※ 「リニア水流連続発電」とは、従来から世界で全く考えられ無かったもので、強力なる水流勢力を有する河川水流エネルギーを、連続水流発電装置にて吸い上げて発電するもので此の「リニア水流連続発電装置」を実施実践すれば、今後は原発、火力発電は不要となります。従来の日本水力発電は2016年から開発不可と成りました。

※ 「リニア水流連続発電」は今後の「温暖化防止対策発電」とし不可欠なのです。「リニア水流連続発電装置」は、発明開発してから八年を経年し漸く成功をした。
発明には国際特許を始め三件の特許を取得した。
実験を数回重ねて、各種理論発見開発して機能特性、性能、定格発電に成功した。
実践運転として、３～５kw迄の水流連続発電に成功している。

今後の「リニア水流連続発電」開発実践計画！：｛温暖化現象完全抑止｝：

1，「リニア水流連続発電」実用化の信憑性を全国に波及する為に解説巡業講演。
2，賛同者に、地球温暖化防止対策発電事業に参画を委託する。
3，早期に温暖化現象を抑止して、地球を蘇生して楽園の世界を誕生させる。

「被災して　地獄どん底　彷徨いた　　悪鬼を祓う　発明開発！」

Ⅱ,「温暖化現象防止対策」として、CO2発生の火力発電に対抗出来る世界無比なる「リニア水流連続発電」の発明開発に就いての紹介

〔「地球温暖化対策」＝「温室効果ガス排出ゼロ対策」〕

※ {リニア水流連続発電}：開発事業開始2008年：

1．特許取得

⑴, 特許第一号取得 {日本国特許：水発電装置：＝平成28年５月}

⑵, 特許第二号取得 {国際特許取得：リニア水力発電装置：＝平成30年11月}

2．「リニア水流連続発電」実験等事業開始

⑴,「水流勢カエネルギー」：理論、原理、連続水流発電装置発明開発

⑵,「リニア水流連続発電」用水路＆水車等の機能特性実験開始：平成25年５月

3．用水路式「リニア水流連続発電」開発

※「リニア水流連続発電用水路」に河川、発電放流水取水し水流勢力を活用する。

河川、貯水池等から発電用水路に約１㎥（風呂浴槽程度）を発電用水路に、水門から取水して、連続して設置した水車発電機を稼働して「リニア水流連続発電電力」の電力を電気室にて集電制御して商用電力を生産する。

⑴, 現在の「リニア水流連続発電」能力！

河川等から発電用水路に水門を介して、１㎥相当（風呂浴槽程度）水流勢力を100m長の発電用水路に３m間隔に流水する現在の発電力を下記に示す。

現在の発電機能力＝５kw（上記条件に因る実験結果の発電能力）

※ 定格５kw、100m用水路発電生産電力は、160kwを発電生産する。

※ 投資効果＝35%、３年間で投資額を回収可能なる発電装置です。

⑵, 今後の「10kw～20kw発電機」改善開発計画。！

利根川水系：広瀬—桃木用水路実証運転（３～５kw）結果の改善開発計画。

※ ５～10kw発電開発計画（水車機能改善し10kw発電可能に設計す。）

10kw発電、100m用水路発電＝320kw電力は、320kw発電生産する。

１kmで、3,200kw発電は、一般住戸の1,070軒分の電力を生産する。

※ 20kw発電計画（用水路水車の左右両軸に10kw発電機をセットする。）

20kw発電、100m用水路発電＝640kw電力は、640kwを発電生産する。

１kmで、6,400kw発電は、一般住戸の2,130軒分の電力を生産する。

Ⅲ，火力発電に対抗出来る世界無比なる「リニア水流連続発電」開発

＊ 地球を生き地獄に晒す｛悪魔｝「温暖化現象」撃破を目途とする。＊

※　｛#100年来に地球が崩壊する｝！パリー協定COP20（世界190ヶ国）が宣言した。原因は「地球温暖化」に因るもので此の悪事象を惹起するのは、主に火力発電所の燃焼により発生する炭酸ガスCO2に因るものと發表された。

#　｛燃焼理論｝

「燃焼とは物質の酸化であり常に熱と、光と、炭酸ガス（CO2）を発する」である。

このCO2が、地球を温暖化して水蒸気を多数発散して気象変化を惹起して更に地球が温暖化して地球全体が現在既に生き地獄なる崩壊現象に晒されているのです。

1．温暖化対策を抑止する手段対策は、火力発電の抑止にある。

日本は工業用需要電力を含む全電力の90％がCO2発生の火力発電に頼っているのです。而も此の燃料費は、年間６兆円に達しているのです。

※　火力発電を抑止可能な「対抗馬たる発電事業」を検索※

⑴，原子力発電 ｛原発の抑止｝

原発は「１基＝80万kw」の発電能力を有している。現在の日本は51基の原発所持国です。然し原発は原子核活用の発電事業であり世界から恐れられているのです。

原因は、ソ連国の「チェリノブイリ原発」爆発事故や、日本国「福島第一号原発水素爆発事故」の無残な現実が其の醜態をさらけ出しているからです。

日本では電力の需要に対しては、使用の可否に切羽詰っているのです。現実に今や原発は中止の状態です。もし使用可能になっても日本全電力の10％にも至りません。

＊　温暖化対策は現在全く不可能です。

⑵，従来のダム落下式水力発電は、年間5,600万kwの発電生産事業で日本全電力の６％を生産しているが、水力発電所の開発が2016年から中止されているのです。発電開発場所が限界に達したのです。開発場所が無くなったのです。水力発電電力量の増強はありません。

＊　温暖化対策は全く不可能なのです。

⑶，現在の日本は、温暖か抑止の対策に対して為す術もなく「小電力の開発」に踏み切ったのです。太陽光発電、風力発電、水素燃料電池、小水力発電、バイオマス発電、地熱発電、省エネ、等々全ての総合電力でも「火力発電」の数％削減に過ぎない。

※　世界から、「温暖化対策」化石賞（消極的）ワーストの国！と罵られているのです。

2．「温暖化抑止対策」には新発明開発の「リニア水流連続発電」の実践にあり

※　「温暖化現象」の襲撃は今や地球が崩壊する直前にきたのです。令和元年10月温暖化現象に因る台風豪雨は、15号、19号、21号の悪魔となって日本全士を地獄の底に突き落としたのです。

此の災難に遭遇された方々は、日本崩壊以上の悲劇に合わされたのです。

地球が崩壊して全てが一度に忘却すれば、それで全ての生物の終わりです。だが今回の温暖化現象は今回の襲撃が毎年激動を増強して襲来するのです。今回の惨事は地獄の底に突き落とされて生き残った方は、子供等は助けてくれーと叫びつつ家と共に流れ行き、妻を引き寄せ握り合っていた手も滑り妻が波間に吸い込まれるその刹那「お父さん有難うございました」の此の声が耳に響いて心に焼きつき生きていながら地獄の底を彷徨う有様です。

＊　俺あこんな世界はやだー！と嘆いてもどうにも成らない。！

今やこれが現実なのです。温暖化抑止対策は一刻の猶予を争うのです。地獄の悪魔が日本列島、世界を目指して明日にでも襲来するのです。

※　此の襲来を予期したのでは無いが、温暖化現象抑止の対策として「リニア水流連続発電」を発明開発を開始したのです。

10年前から ｛流水勢力の有する無限にして莫大なる水流勢力エネルギーを研究して発明開発したのが「リニア水流連続発電」なのです。

例えば、信濃川や利根川等の一級河川の水流勢力を電力発電量に換算すれば各河川ごとに数千万kwの電力が海に向かって流れ去っているのです。

此の河川の水勢力電力エネルギーを見逃す訳にはいきません。

※　皆様！此の莫大なる水勢力エネルギーを河川から引き出し「温暖化現象」を撃破する世界無比なる「リニア水流連続発電装置」が10年の歳月を経て理論発見発明開発の結果成功して、100m用水路（浴槽１㎥水量）で300kw発電装置ができました。

今後は皆様と共に一丸となって「リニア水流連続発電装置」を実践して、＊憎気！　温暖化現象を撃破して、蒼き楽園の地球を蘇生しようではありませんか。

＊　「為せば成る　成らぬは人の　為さぬなりけり」※　です。

2，「リニア水流連続発電」開発の歩み！：温暖化現象防止対策

⑴　※　河川の莫大なる水勢カエネルギーが海に流れ去るー！（水流理論解説）

⑵　※　会社案内の経緯と「リニア水流連続発電」開発当初のパンフレット解説

⑶　※　各種実験、実証運転解説

⑷　※　ふくしま2018：福島復興研究発表会参画 ｛200社内13社筆頭講演選抜

〔地球最期の日に〕

Ⅰ　「蒼き楽園の地球」を崩壊させてたまるか！

1．①「温暖化防止対策発電」として発明開発した「リニア水流連続発電」構造機能をマスターすれば、理論原理や設計、製造、水力発電運転までが容易に可能です。詳細はⅧにて解説
2．②河川の「堤防氾濫決壊防止対策」も発明して、特許申請中です。現実に対し闘争！　詳細はＸ〔発電・堤防〕にて解説
3．宇宙誕生 {宇宙の起源}
4．太陽系誕生
5．蒼き星の地球に生物誕生
6．人間の条件
7．森羅万象 各生物の生態
8．人間相互に殺人鬼となって戦争している時代ではないのだ！
9．地球の誕生

1.「リニア水流連続発電」 構造機能

（1）リニア水流連続発電効果一覧図

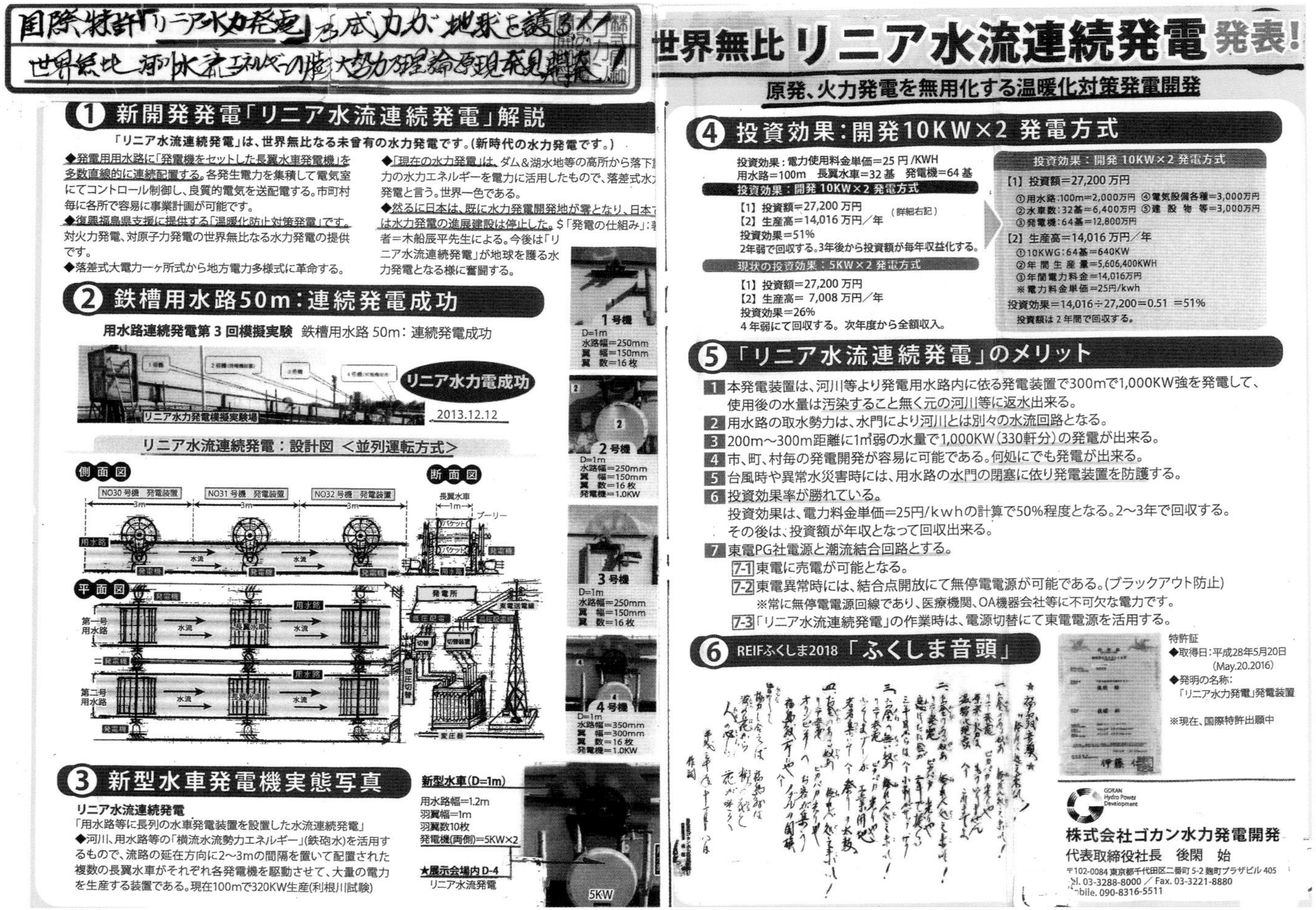

世界無比 リニア水流連続発電 発表!

原発、火力発電を無用化する温暖化対策発電開発

① 新開発発電「リニア水流連続発電」解説

「リニア水流連続発電」は、世界無比なる未曾有の水力発電です。(新時代の水力発電です。)

◆発電用用水路に「発電機をセットした長翼水車発電機」を多数直線的に連続配置する。各発生電力を集積して電気室にてコントロール制御し、良質的電気を送配電する。市町村毎に各所で容易に事業計画が可能です。

◆復興福島県支援に提供する「温暖化防止対策発電」です。対火力発電、対原子力発電の世界無比なる水力発電の提供です。

◆落差式大電力一ヶ所式から地方電力多様式に革命する。

◆「現在の水力発電」は、ダム＆湖水地等の高所から落下［判読不能］力の水力エネルギーを電力に活用したもので、落差式水［判読不能］発電と言う。世界一色である。

◆然るに日本は、既に水力発電開発地が零となり、日本［判読不能］は水力発電の進展建設は停止した。$「発電の仕組み」：［判読不能］者＝木船辰平先生による。今後は「リニア水流連続発電」が地球を護る水力発電となる様に奮闘する。

② 鉄槽用水路50m：連続発電成功

用水路連続発電第 3 回模擬実験　鉄槽用水路 50m：連続発電成功

リニア水力電成功

リニア水力発電模擬実験場

2013.12.12

リニア水流連続発電：設計図 ＜並列運転方式＞

側面図　NO30 号機 発電装置　NO31 号機 発電装置　NO32 号機 発電装置　3m　用水路　水流　発電機

平面図　第一号用水路　第二号用水路　用水路　水流　発電機

断面図　長翼水車　1m　プーリー　発電機　発電所　変圧器

1 号機　D=1m　水路幅=250mm　翼　幅=150mm　翼　数=16 枚

2 号機　D=1m　水路幅=250mm　翼　幅=150mm　翼　数=16 枚　発電機=1.0KW

3 号機　D=1m　水路幅=250mm　翼　幅=150mm　翼　数=16 枚

4 号機　D=1m　水路幅=350mm　翼　幅=300mm　翼　数=16 枚　発電機=1.0KW

③ 新型水車発電機実態写真

リニア水流連続発電

「用水路等に長列の水車発電装置を設置した水流連続発電」

◆河川、用水路等の「横流水流勢力エネルギー」(鉄砲水)を活用するもので、流路の延在方向に2～3mの間隔を置いて配置された複数の長翼水車がそれぞれ各発電機を駆動させて、大量の電力を生産する装置である。現在100mで320KW生産(利根川試験)

新型水車(D=1m)

用水路幅=1.2m
羽翼幅=1m
羽翼数10枚
発電機(両側)=5KW×2

★展示会場内 D-4
リニア水流発電

5KW

④ 投資効果：開発10KW×2 発電方式

投資効果：電力使用料金単価=25 円 /KWH
用水路=100m　長翼水車=32 基　発電機=64 基

投資効果：開発 10KW×2 発電方式

【1】投資額=27,200 万円　（詳細右記）
【2】生産高=14,016 万円／年
投資効果=51%
2年弱で回収する。3年後から投資額が毎年収益化する。

現状の投資効果：5KW×2 発電方式

【1】投資額=27,200 万円
【2】生産高= 7,008 万円／年
投資効果=26%
4 年弱にて回収する。次年度から全額収入。

投資効果：開発 10KW×2 発電方式

【1】投資額=27,200 万円
①用水路:100m=2,000万円　④電気設備各種=3,000万円
②水車数:32基=6,400万円　⑤建設物等=3,000万円
③発電機:64基=12,800万円
【2】生産高=14,016 万円／年
①10KWG:64基=640KW
②年間生産量=5,606,400KWH
③年間電力料金=14,016万円
※電力料金単価=25円/kwh
投資効果=14,016÷27,200=0.51 =51%
投資額は 2 年間で回収する。

⑤「リニア水流連続発電」のメリット

1 本発電装置は、河川等より発電用水路内に依る発電装置で300mで1,000KW強を発電して、使用後の水量は汚染すること無く元の河川等に返水出来る。
2 用水路の取水勢力は、水門により河川とは別々の水流回路となる。
3 200m～300m距離に1㎥弱の水量で1,000KW(330軒分)の発電が出来る。
4 市、町、村毎の発電開発が容易に可能である。何処にでも発電が出来る。
5 台風時や異常水災害時には、用水路の水門の閉塞に依り発電装置を防護する。
6 投資効果率が勝れている。
投資効果は、電力料金単価=25円/kwhの計算で50%程度となる。2～3年で回収する。
その後は、投資額が年収となって回収出来る。
7 東電PG社電源と潮流結合回路とする。
7-1 東電に売電が可能となる。
7-2 東電異常時には、結合点開放にて無停電電源が可能である。(ブラックアウト防止)
※常に無停電電源回線であり、医療機関、OA機器会社等に不可欠な電力です。
7-3「リニア水流連続発電」の作業時は、電源切替にて東電電源を活用する。

⑥ REIFふくしま2018「ふくしま音頭」

特許証
◆取得日：平成28年5月20日
(May.20.2016)
◆発明の名称：
「リニア水力発電」発電装置

※現在、国際特許出願中

GOKAN Hydro Power Development

株式会社ゴカン水力発電開発
代表取締役社長　後閑　始
〒102-0084 東京都千代田区二番町 5-2 麹町プラザビル 405
Tel. 03-3288-8000 ／ Fax. 03-3221-8880
Mobile. 090-8316-5511

2．｛リニア水流連続発電：設計図｝　並列運転方式

株式会社ゴカン水力発電開発

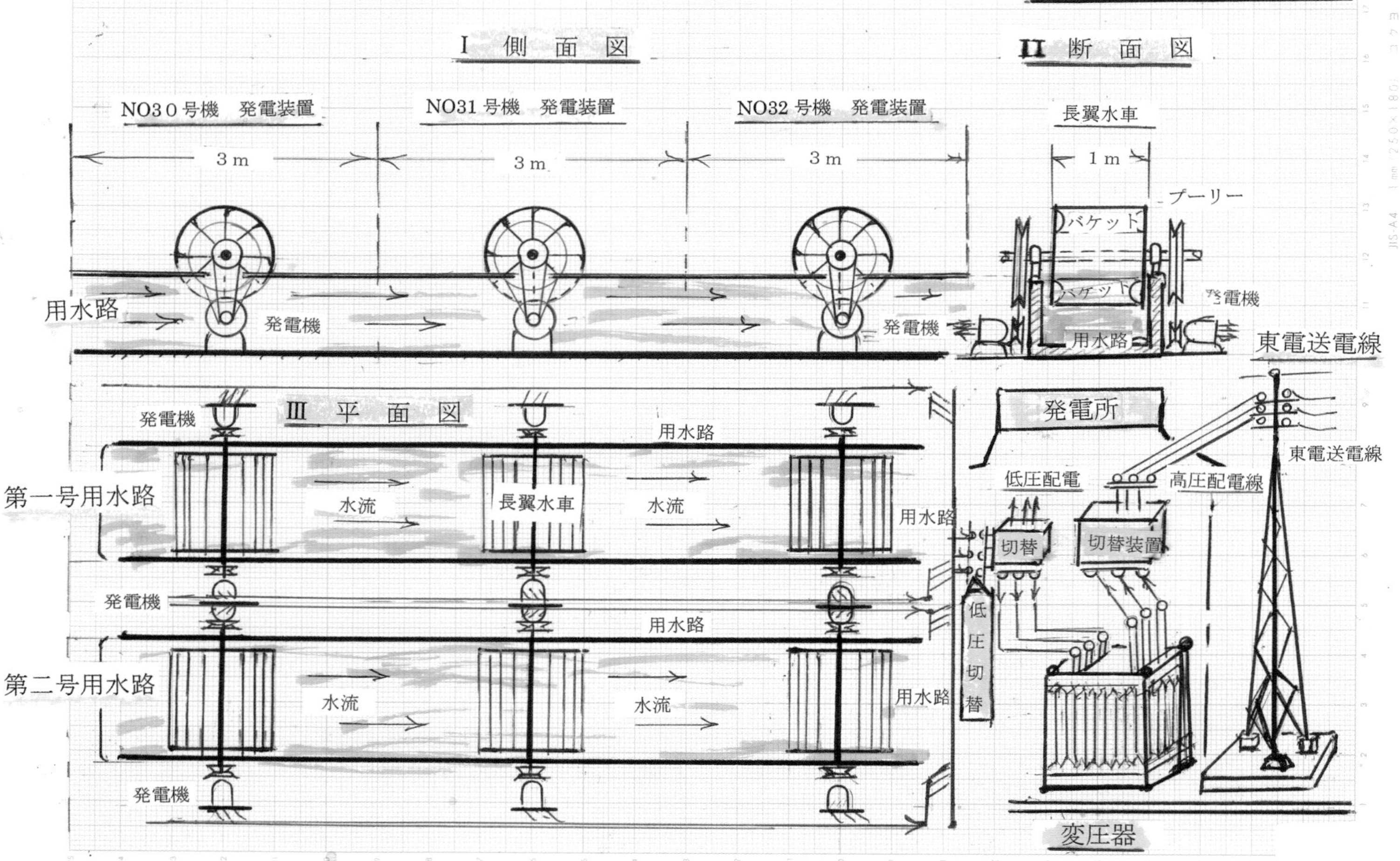

２―緊急河川堤防護岸工事として、堤防嵩上げ部分を「リニア水流連続発電装置」を用水発電として併合させる。〔特許出願中〕　詳細はＸ：発電堤防に因る。

3．宇宙誕生 ｛宇宙の起源｝ ＊摩訶不思議なビッグバーン現象に因って誕生した。＊

＊　宇宙の起源とは、137億年前「ビッグバーン現象」にて誕生した。その容積形は四方数百億光年と言われ、星座群も数億ともいわれている。

“ 無限なる　宇宙の一部が　爆発し　　煌めく星座の　宇宙誕生 ！”

4．太陽系誕生　（水星、金星、地球、火星、木星、土星、天王星、海王星、（冥王星））

45億年前、銀河系のブラックホール爆発にて太陽系が誕生した。（ミニバーン）

“ 星空の　銀河の尻尾が　爆発し　　太陽取り巻く　惑星誕生 ！”

5．蒼き星の地球に生物誕生　：地球は人類、生物に安住楽園世界を提供している。

35億年前、地球の12大元素が太陽との光合成に依り海中に息吹く生物が誕生す。

“ 太陽の　惑星地球の　元素から　　光と熱とで　生命誕生 ！”

“ 生物は　DNAが　基となり　　細胞遺伝子　種族を引継ぐ ！”

6．人間の条件　＊人類に生誕した以上「人として為すべき優先順位」！

第１条件：善き人類の誕生繁殖繁栄に専念する。｛優先１位は夫婦善哉かな！｝

第２条件：己は「唯我独尊」常に明るく元気で前向きの心で生きる人生感を持す。

第３条件：人間は全て同種族の人類であり相互に助け合いの道徳にて生きる。

7．森羅万象　地球上の生物全て、大自然の生存競争の中で各種族毎に、吾が種族の繁殖を目途に生き抜いている。

8．人間相互に殺人鬼となって戦争している時代ではないのだ！

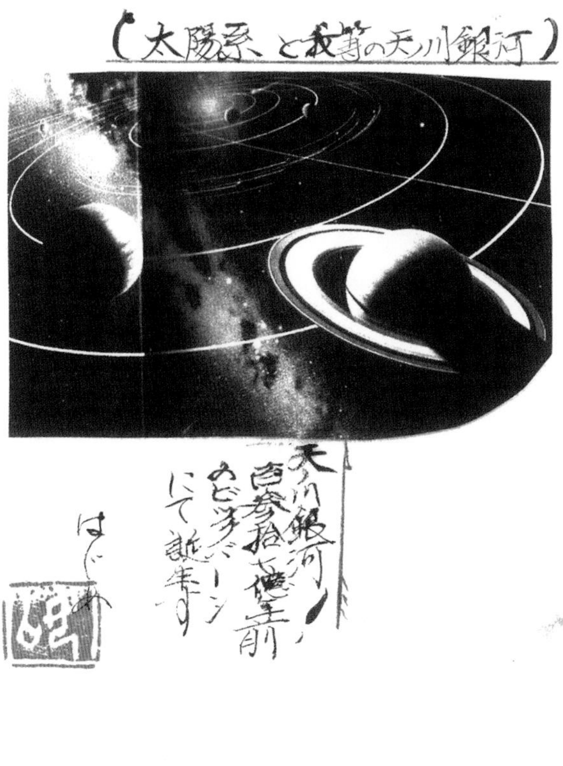

9．地球の誕生

※　温暖化対策発電「リニア水力発電」開発原理等解説の前に我らが楽園の蒼き地球の誕生から考えて見よう。

地球の存在する太陽系は、45億年前に銀河系ブラックホールのミニバーンに因って誕生した。{詳細は2010年後閑始著書に因る。(三省堂出版)}

地球等惑星は恒星太陽を中心としてケプラーの法則に従って周回運動している。

各惑星の円周は写真図の如き太陽に接近して、水星、金星、地球、火星、木星、土星、天王星、海王星、(冥王星)、の順に活動している。

地球は太陽から第３番目に位置して、自転しながら太陽を365.2422日をかけて公転している。365.2422日の小数点以下の数字が閏年となった。現在は太陽系では唯一の「蒼き美しい楽園の地球」として運動している。

※　この楽園の蒼き地球が火力発電に因る温暖化に因って崩壊の危機に曝されている。※

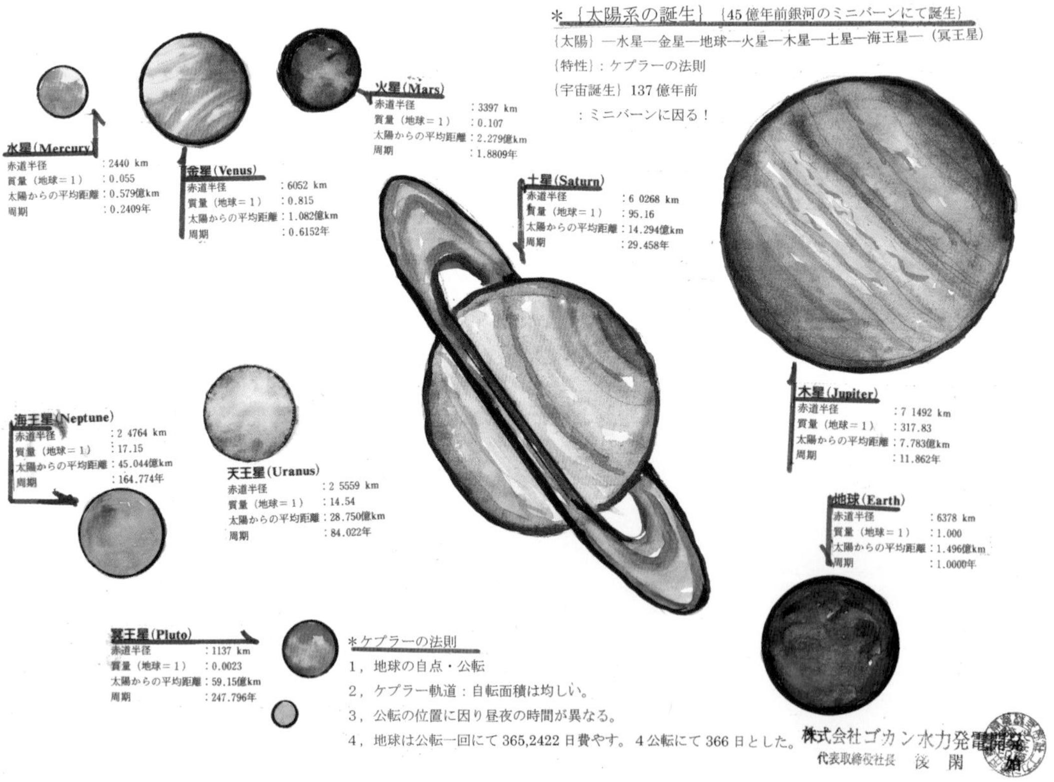

Ⅱ　今や、「世界最大の難問題」は{温暖化対策解決}にある

1．難問題の現実

⑴　温暖化現象に因って「地球寿命は100年なり」の宣言が、パリー協定COP16にて発表された。世界の190ヶ国がCOP16に賛同して「温暖化撃破」に向かって必死になって闘争している。

又国連安保理UNや国際NGOグループ等々も温暖化対策に熱意を示した。

斯かるとき、日本電力生産の90％を火力発電（CO2発生）事業を続行している。

小泉環境相も、日本の電力需要に一意専心弁明しつつ温暖化対策案を練っている。

されど{日本の温暖化対策}に対する批判は鋭く、国際NGOからは「温暖化対策非協力国ワースト日本」と叱咤され{化石賞国日本}の汚名をうけている。

⑵　日本としては、「CO2発生の火力発電」と雖も今これを抑止は出来ない。現在の日本電力生産は産業等需要電力の対応は火力発電のみなのです。

追随可能な、ダム落下式水力発電の開発不可能となり、発電建設は中止したのです。

火力発電に対抗出来る従来の水力発電は、2016年から開発が停止した。日本国内には水力発電開発場所が皆無となったのです。{現在水力発電電力量＝5,600万KW}

⑶　次の項は、「日本の温暖化対策に就いて」世界に向かって弁明する小泉環境相の勇姿です。

下段は、「温暖化現象CO2発生の日本火力発電」の現状です。

(1)　火力発電発生電力量は約２億KW強

(2)　燃料費年間＝６兆円

(3)　日本国内生産電力量の90％（火力発電生産）

2．解決策＝新発明「リニア水流連続発電」の実践にあり

※　温暖化対策には、火力発電の抑止が先決必定！

※　2011年から、温暖化現象撃破の為に「リニア水流連続発電装置」を発明開発して国際特許＆日本国内特許を取得した。

「用水路式リニア水流連続発電」の運転性能、機能性、特性、定格試験等の実験、や実証運転を実施して成功の成果を得た。

●問題解決策＝新発明「リニア水流連続発電」実践にある。

※　世界の皆様にお願いします。!!

日本は今や、世界無比の「リニア水力発電」を開発して「火力発電」に遥かに勝るとも劣らない「温暖化防止対策発電」に向かって必死になって生き地獄なる悪魔の撃破に闘魂を燃やしています。

※　世界中に「リニア水力発電」が普及すれば「温暖化現象」は姿を消して、七色の虹の架かる蒼き楽園の地球が蘇生するでしょう。

3．温暖化対策には、火力発電の抑止が先決必至！〔温室効果ガスゼロ対策〕

＊2020 国会・「温室カーボンガス排出議論」激論！

2050 年迄に「100%の排出宣言」は可能か？

: 回答・再生エネルギー活用原発は 22%依存する。

＊新開発「リニア水流発電」が即刻可能に解決する。

1，原発・火力発に勝る発電能力を有する。

2，更に効果的多種なるメリットを有する。

3，温暖化対策に必須不可欠なる発電装置である。

COP25
日本に「化石賞」
国際NGOのグループ
温暖化対策に消極的な国に贈る「化石賞」
日本に

原発、火力発電を無用化する温暖化対策発電開発

用水路連続発電装置 提案書

現在日本における水力発電の必要性

平成２５年２月１６日＝NHK：「日本電力事情窮乏」に関する討論会があった。

結論として，原発は無い，新エネルギーも無い。従来から油田埋蔵量欠乏や炭酸ガス対策として忌み嫌われて，廃止か抑制されていた火力発電を９０，６％も使用せざるを得ない現状となった。今後も年間６兆円を越える高価な燃料を使用する事になる。どうする，如何にする！今やなす術が無い。！だった。★平成30年現在水力発電量＝5,600万KW、以上の発電は不可

従来原発並びに火力発電を主体としてきた，日本電力生産が２，０１１年３月１１日の東北大震災に於て原発の廃止で抑制すべき火力発電に頼らざるを得なくなった悲惨な現実である。

然るに新電力開発エネルギーは，太陽光発電メガソーラーや風力発電，地熱発電その他の微々たる不安定な気象条件を絡んでも，０，６％程度の生産にすぎない。

現況の日本工業界や生産事業の電力需給に対し，なす術べが無いでは済まされない。日本は豊富な天然水資源を有する電力生産に最適な国にいるではないか。

㊟懸かる電力窮乏に対処して，考案した｛用水路連続発電装置の開発｝に就いて提供する。

（１），日本電力事情の現況と対策

冒頭にも述べた様に，現在日本の発電コストが割高になり，再生エネルギーの普及おも促し「再生可能エネルギー特別措置法案」が閣議決定して成立した。

更に国土交通省では，２，０１２年１０月，農業用水路を無許可使用とした。日本古来の回転水車等微々たる水車発電まで採用エネルギーとして活用したい現状に老い込まれている。

故に私は，恵まれた水資源を活用する（リニア流水発電装置）「用水路連続発電装置」を提供して，脱：原発，火力発等の中で従来に勝る電力の生産を計画実行したい。

☆ⓘ 連続発電用水路＝特許出願中，（詳細＝別紙）・平成28年5月20日（特許権取得済）

Ｉ図．火力発電90,6% 使用の現状．
（抑制か廃止か疑問の火力が主体となった。）

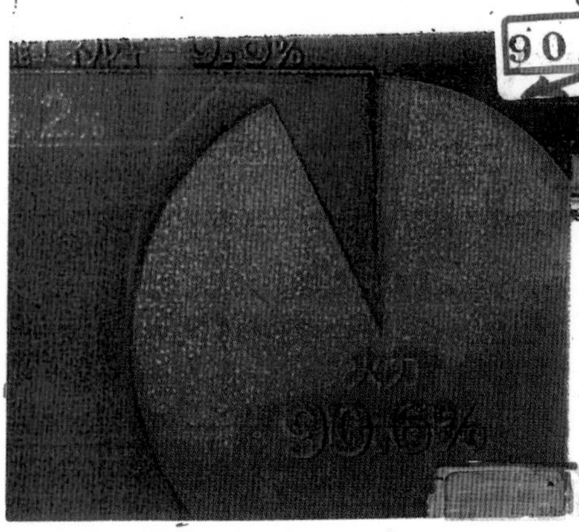
90,6

Ⅱ図．燃料ＬＮＧの輸入額．

現在の火力発電量
6億KW CO2対策！
燃料LNGの輸入額
6兆円
6
5
4
3
0
2010
2011
2012

★国際NGO宣言より日本国は「温暖化対策」ワースト国として「化石賞」をとった

★新発明「リニア水力発電開発」で世界最優秀国に変化する

Ⅲ 世界無比　新発明開発「リニア水流連続発電」：概要説明

1．原発、火力発電を無用化する温暖化対策発電開発

※「用水路式リニア水流連続発電」
｛右図は何処でも出来る発電図｝
(1) 河川の水力を用水路に取水「リニア水流連続発電」建設。
(2) 水力発電放流水を活用する。複数回路の用水路発電を活用。

(1) 発電原理
河川、貯水池等から用水路に水流勢力を取水し、用水路内に連続配置した水車発電機を稼働して発電所の電気制御で定格商用電力を生産する。
用水路式使用水量は、約１㎥で100mで300kwを生産する。

(2)「リニア水流連続発電」発明開発
世界の発電技術者倫理は水力発電は落下式発電一色だった。
現在、水力発電は開発停止された。開発場所が無いのです。
＊ 温暖化現象抑止の為に10年前から「リニア水流連続発電」を開発実験を重ねて来ました。
日本特許＆国際特許も取得した。

(3)「リニア水流連続発電」実験
｛右図：千葉県手賀沼実験写真図｝
上段：実験写真　：実験成功す。：
鉄装用水路＝50m、水量＝0,5㎥
水車発電機＝１kw × ５台
下段＝用水路式発電：設計図｝：

(4) 実験発電機：右端縦列：

(5) 現在：新改良型水車発電機開発
１水車発電機＝10kw × ２
用水路式100m発電＝600kw
一般住戸600軒分の電力

① 新開発発電「リニア水流連続発電」解説

「リニア水流連続発電」は、世界無比なる未曾有の水力発電です。(新時代の水力発電です。)

◆発電用用水路に「発電機をセットした長翼水車発電機」を多数直線的に連続配置する。各発生電力を集積して電気室にてコントロール制御し、良質的電気を送配電する。市町村毎に各所で容易に事業計画が可能です。
◆復興福島県支援に提供する「温暖化防止対策発電」です。対火力発電、対原子力発電の世界無比なる水力発電の提供です。
◆落差式大電力一ヶ所式から地方電力多様式に革命する。

◆「現在の水力発電」は、ダム＆湖水地等の高所から落下 力の水力エネルギーを電力に活用したもので、落差式水 発電と言う。世界一色である。
◆然るに日本は、既に水力発電開発地が零となり、日本 は水力発電の進展建設は停止した。$「発電の仕組み」：著 者＝木船辰平先生による。今後は「リニア水流連続発電」が地球を護る水力発電となる様に奮闘する。

② 鉄槽用水路50m：連続発電成功

用水路連続発電第３回模擬実験　鉄槽用水路 50m：連続発電成功

リニア水流連続発電：設計図 ＜並列運転方式＞

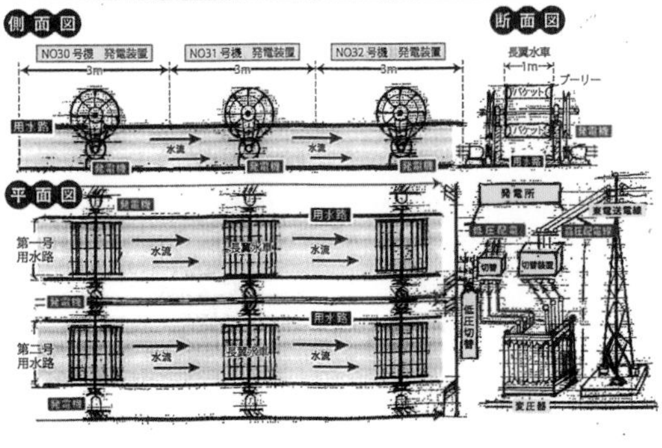

(6)　投資効果＝右図④

①　黒字＝現状

②　赤字＝開発今後の効果

100m 用水路、水車＝32,

発電機＝10× 2、

発電量＝640kw

投資効果＝51％（２年で回収）

(7)　メリット＝右図⑤

※温暖化対策抑止の最有力事業。

(8)　経済に余裕有る方は御賛同をお願いします。地球を救い自分も助かる融資です。

(9)　全世界が一つになって「リニア水力発電」に取り組み賛同頂ければ、原発、火力発電が不要となり温暖化現象も抑止出来ます。

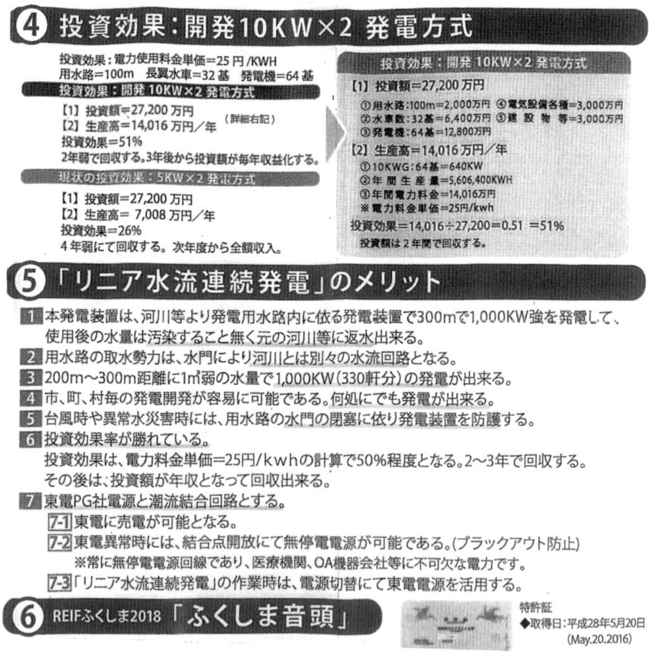

右図⑥　＊リニア水力発電　開発音頭！＊「ふくしま音頭」

「温暖化防止対策」の「リニア水力発電」開発を全世界に求める為の講演巡業を計画した。その際講演後に皆様の御賛同を求めて合唱に依り心の声としたい。

＃１　お金の有る奴あ　俺んとこえ来い　　リニア発電　ピカパカ光りゃ
原発、火力は　もういりません　　温暖化現象も　はい　これまでよー！
＃２　お金の有る奴あ　俺んとこえ来い　　リニア発電　ピカパカ光りゃ
賭けたお金が　２年で戻る　　３年目からは　はい　小判がザックザクー
＃３　お金の無い奴も　俺んとこえ来い　　リニア発電　ピカパカ光りゃ
荒れた山里　工業団地　　若者集いて　はい　祭りの太鼓——
どんどんヒャラら、ドンヒャラらー　ピーピー
＃４　お金の有る奴あ　俺んとこえ来い　　リニア発電　ピカパカ光りゃ
オリンピックの　お客が集う　　頑張れ県庁にゃ　　金メダルの国旗　！
君が代　歌をー　　ソーレソレソレ　皆んなで唄おー　！
温暖化現象は　　ソーレソレソレ　吹き飛ばせー　！
＃５　お金の有る奴あ　俺んとこえ来い　　リニア発電　ピカパカ光りゃ
堤防の上には　護岸の用水路　　台風や豪雨は　ハイー　もう恐れない
ソーレソレソレー地球は蘇生し極楽トンボー

＊　｛今や！「温暖化防止対策｝に対抗出来るのは、不可欠にして唯一無二なる＊「リニア水流連続発電」＊の開発有るのみです。

「温暖化防止対策」の我が闘争！　地球蘇生の為に、生命を賭して奮闘努力します。

「改良型強靭防災堤防」発明開発：令話元年生き地獄の災難を防止する。

※　温暖化に因る異常気象変動は、膨大なるエネルギーと変化し地球迫害魔となった。

2．温暖化現象を撃破して蒼き楽園の地球に蘇生する。

国際特許＆日本国内特許をも取得した。

「用水路式リニア水流連続発電」の運転性能、機能性、特性、定格試験等の実験、や実証運転を実施して成功の成果を得た。

※　日本起源も令和天皇誕生即位の儀式に華添えて、オリンピックの開催の国日本です。！

輝かしき時節到来！「リニア水流連続発電」こそが「温暖化現象撃破」事業の一番乗りして金メダル獲得に熱意は燃える。

{何処の誰が金メダルを獲得するだろう。}　！

「温暖化防止対策」の我が闘争！　地球蘇生の為に、生命を賭して頑張ります。

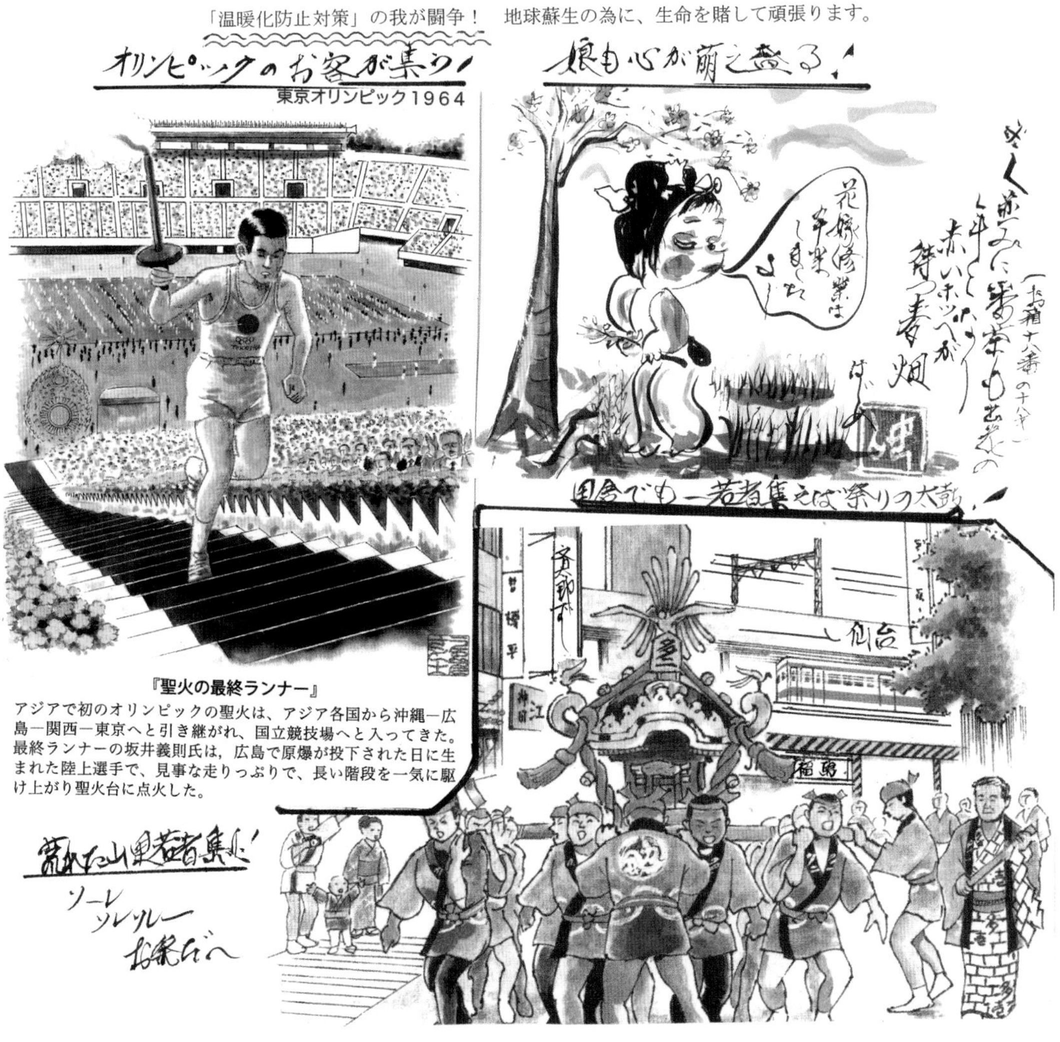
「温暖化防止対策」の我が闘争！　地球蘇生の為に、生命を賭して頑張ります。
オリンピックのお客が集う！
東京オリンピック1964
『聖火の最終ランナー』
アジアで初のオリンピックの聖火は、アジア各国から沖縄ー広島ー関西ー東京へと引き継がれ、国立競技場へと入ってきた。最終ランナーの坂井義則氏は，広島で原爆が投下された日に生まれた陸上選手で、見事な走りっぷりで、長い階段を一気に駆け上がり聖火台に点火した。
仙台

3．「リニア水流連続発電」のメリット

①＊用水路の水勢力は、水量の水深により膨大なるエネルギ特性を発揮する。

②＊用水路内専用の水力発電である。

用水路の取水勢力は、水門に依りて取水して河川とは別の水流回路となる。

台風、豪雨時には水門を閉鎖して発電機や電気設備を擁護する。

③＊何処の河川からでも容易にして、発電所の建設が可能です。

都道府県、市、町、村毎の河川上流400m～500mに発電開発が可能です。

日本国内広域的に何処の河川でも建設可能で、発電量は火力発電に優位する。

＊　「温暖化防止対策発電」として最適な水力発電である。

④＊ダム落差式大電力発電送電は、地震、台風時にブラックアウト現象（長時間停電）を惹起した。最近＝北海道地震＆千葉地区15号台風による。

「リニア水流連続発電」には、長時間停電は全く無い。（東電PG潮流発電）＊無停電発電保証＊発電です。

⑤＊投資効果：抜群に優れている。：何処にでも容易に建設可能！

電力生産高／投資額＝30％～50％

２～３年で回収可能

⑥＊東電PG社等外部電力会社との融通性

発電量余剰電力は潮流統合形式を採用する。

ブラックアウト現象の場合は、潮流切り替え装置にて縁切りする。

「リニア水力発電」停電時には、切り替え装置で東電電源を活用する。

⑦＊「水力発電」水流発電は燃料費不要の為に、毎年￥６兆円が増収に加算される。

⑧＊河川両岸堤防上に長距離用水路発電装置を建設する。

※１　長水路故に、１水路＝100万kw級の電力を生産します。

※２　台風豪雨時の堤防氾濫決壊を防護する、重量堤防となって護岸する。

⑵　「リニア水力発電」建設上のデメリット

＊　水利権獲得等に関連する難問題事項＜使用河川に依り承認範囲が異なる。＞

①＊１級、２級河川、は、国及び県の国士交通省、農林水産省の承認に依る。

②＊一般河川は、当該地区の農業、林業、漁業、土地権利者等の承認に依る。

③＊水利権活用可能範囲｛国家承認範囲｝

＊再生エネルギー事業に関する小水流河川に限る。

4．「リニア水力発電」実証運転に関する水利権獲得施策対策！

⑴　「リニア水力発電」が「温暖化防止対策」に対して必須にして不可欠なる本水力発電の実有益性なる実績証拠を造り「解説書」にてご賛同を頂く。

⑵　「リニア水力発電」の特許権は取得した。実験、実証運転は成功した＊

①＊平成28年：日本国内特許権取得す

②＊平成30年：世界　国際特許取得す。

⑶　国内都道府県市等を「リニア水力発電」が「温暖化防止対策発電」であることの解説講演会巡業を計画する。

Ⅳ「リニア水流連続発電」は「用水路式発電」を基準とする

※　日本国内何処の河川等からの水源水流勢力を活用して、完成した「リニア水流連続発電」
　下記の鳥瞰図は、群馬県の北部山岳地水流源を開発した「リニア水流連続発電」ずです。

1．河川、貯水池、ダム等から発電用水路に、約１㎥の水量（浴槽程度）を取水して用水路内に複数直列に配置した水車発電機に水流勢力エネルギーを流水して水車発電機を稼働する。

※　現在実験結果の「リニア水流連続発電装置」機能性は、５m/secで５kw発電可能

2．利根川水系＆吾妻川水系からの、「リニア水流連続発電」計画（No.1～No.4）

No.1　吾妻河川から用水路内に取水して「リニア水流連続発電」開発する。

No.2　八ッ場ダム発電放水勢力を活用して「リニア水流連続発電」開発する。

No.3　利根川河川からの水勢力を取水して、「リニア水流連続発電」開発する。

No.4　渋川東電PG社佐久発電放流水勢力を活用し「リニア水流連続発電」開発する。

3．メリット

⑴　水流勢力エネルギーの活用性が大きく、短距離小電力発電から長距離大電力発電開発が自由に開発が出来る。台風豪雨時等には水門閉鎖にて安全保護可能。

⑵　長時間停電（プラックアウト現象）は、無関係。

⑶　各電力会社との潮流契約にて、使用電力の融通性が大きく自由性が有る。

⑷　何処でも誰でも開発建設が自由に出来る。

＊　「リニア水流発電」発電所は、何処でも簡易に建設可能！　＊

＊「リニア水流発電」発電所は、何処でも簡易に建設可能！
三国山脈
八ッ場ダム
渋川佐久発電所
「リニア水流発電」建設図
１＆３：河川水門から、用水路にて即座に発電所建設。
２＆４：発電所放水路活用にて「リニア水流発電所」建設
利根川
吾妻川
＊発電量：300m、流量＝㎥、
発電機＝10kw×100
発電力量＝1,000kw
住戸：1,000件分

4．「リニア水流連続発電」の温暖化防止対策メリット

1，河川、貯水池、ダム等から約１㎥の水量（浴槽程度）を発電用水路に取水して長短距離自由な大電力発電、小電力発電が容易に事業開発が出来る。

2，発電用水流勢力エネルギーは、水門に依り取水の為に台風豪雨時には水門を閉鎖する。「リニア水流連続発電」は安全に保護される。

3，河川、貯水池等何処からでも用水路に水流勢力エネルギーを容易に取水出来る為に「リニア水流連続発電」開発のエリアは莫大に大きく存在する。

従って水利権使用の問題が解決すれば、賛同者も増加して、火力発電を凌ぎ温暖化現象を抑止する時期は目前に到来する。

4，地震、台風豪雨時等の長時間停電（ブラックアウト現象）は全く無い。

5，東電PG社、外部電力会社等との電力統合の融通性が大きい。

6，投資効果が抜群である。

7，火力発電を抑止すれば、燃料費の年間６兆円の外資予算が軽減できる。

8，河川堤防上に、「リニア水流連続発電装置」を建設する。｛特許出願中｝　！

⑴　堤防改善嵩上げ工事不要となる。

⑵　別途解説

※　３m高さのコンクリート用水路嵩上げとなる。

※「リニア水流連続発電」の電力を生産する。莫大な収入源となる。

＊　「リニア水流連続発電」何処でも発電：開発自由　＊

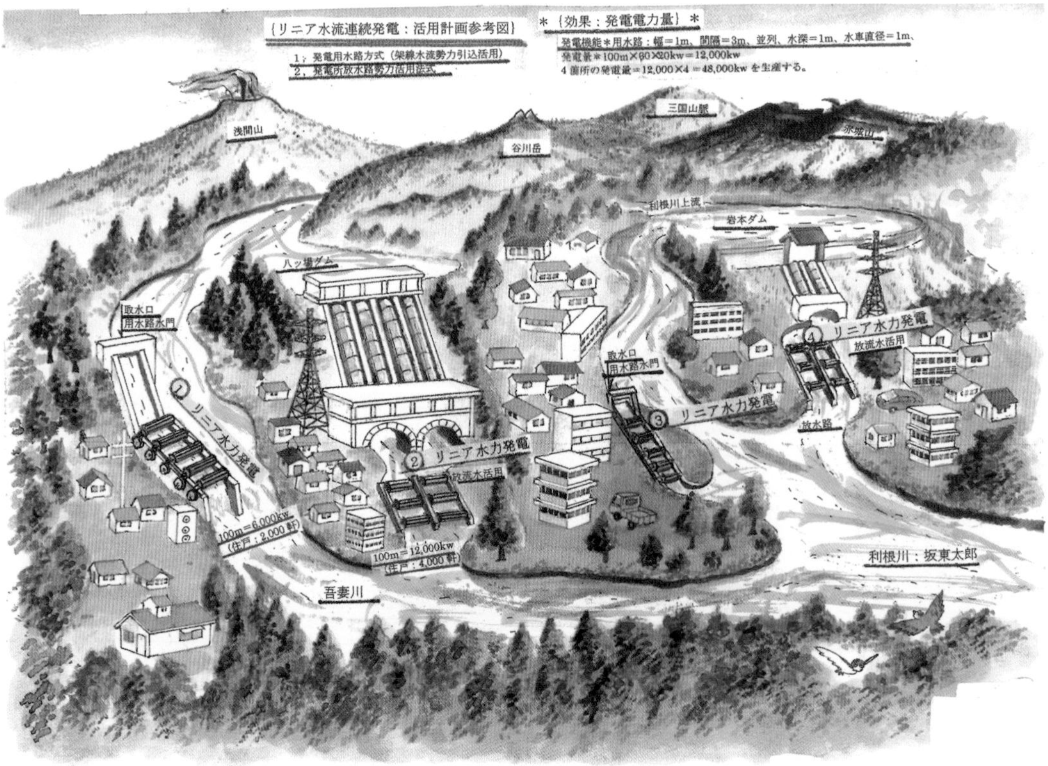

5．水力発電所「放流水勢力：E」活用の「リニア水流連続発電」

※　信濃川JR千手発電所は、60万kwの発電電力量を生産してJR東日本首都圏内のJR専用電力として活用している。発電所の放流水路は、水深＝１m、幅＝20m、長さ＝200mの大容量の用水路を有している。

※　此の用水路　幅＝10m、長さ＝200m,、水速度＝３m/sec，を活用する。

1，発電機５kw使用では320kw発電生産する。（現在の「リニア水力発電」能力

2，改良型水車発電機20kw使用では、1,200kwの電力を生産する。

発電所放水路勢力活用各種参考

スーパー水力発電開発事業
（水力発電所放水流利用の用水路連続発電概要図）
用水路取水口図３件.　用水路発電計画図

発電用水路（特許品）に，用水路専用発電機（特許品）を複数連続して設置して発電所放水流にて稼働し発電する。

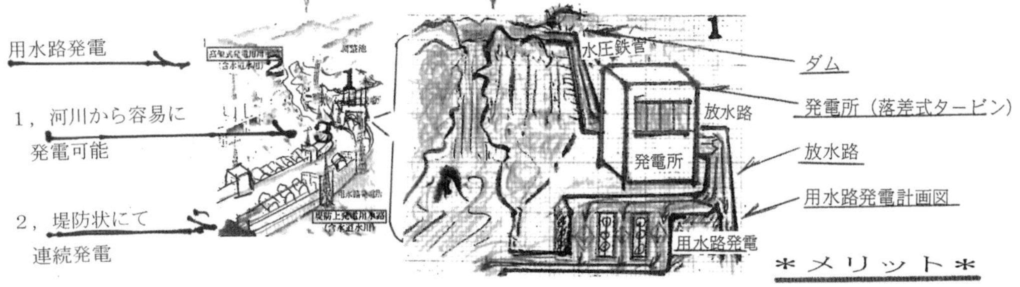
用水路発電
1，河川から容易に
発電可能
2，堤防状にて
連続発電
調整池
1
2
3
水圧鉄管
ダム
放水路
発電所（落差式タービン）
発電所
放水路
用水路発電計画図
用水路発電

★ 用水路発電概要図　（発電所放水路編）★

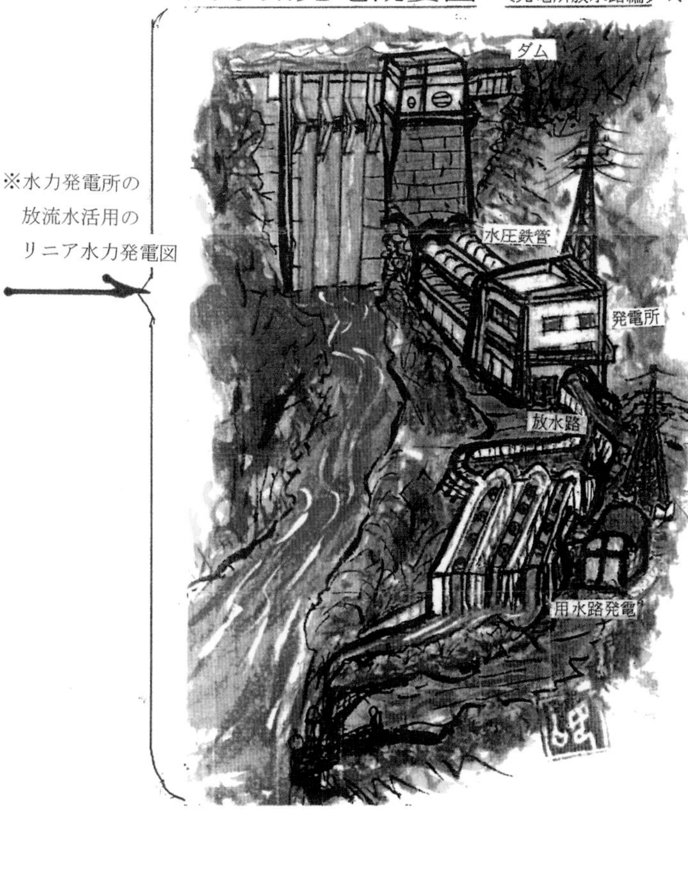
※水力発電所の
放流水活用の
リニア水力発電図
ダム
水圧鉄管
発電所
放水路
用水路発電

＊メリット＊

1．放水路水流の活用は，50m室内
プール面積で50m用水路５本分で
発電機が25×2 ＝５０基セット出
来る。
2．短距離用水路箇所でも多数の発
電機セットが可能で，大電力を生
産する事ができる。
3．特許開発用水路の為，連続配置
の発電機間隔が小さく多数の連続
発電が可能で有る。
4．用水路用専門特許発電機の為，
発電効率が非常に高い。
5．用水路の活用に依って，如何な
る場所でも連続電力生産ができる
6．将来は，国家体系としての活用
希望している。高速道路建設費の
数％で建設出来る。しかも百萬k
単位の発電が保障出来る。

用水路連続発電概要
{放水路流水活用発電}
1．50m用水路３件コース
　1コース発電機数１０基
2．５kw発電機30基.
　発電量＝１５０kwh／時.
3．150 ×32×24＝115,200.
　年間＝４２，０４８千円／年
4．年間発電量＝1，３１４千k
150×24×365 ＝1,314,千kw.

用水路の種別
河川等の水流勢力に応じて
用水路容積種別を分類する。
A；幅＝40cm.
B：幅＝70cm.
C；幅＝1m.

例；発電所放水路　1m.

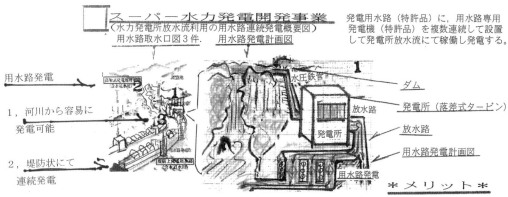

Ｖ「リニア水流連続発電装置」取得特許の解説！

※ ｛温暖化対策と我が闘争｝ 各種理論発見開発！

詳細解説は ｛後篇｝

1．2008年：火力発電等の燃焼事業に依り発散する膨大なる炭酸ガス（CO2）が、地球を取り巻く宇宙圏に充満して気象条件を悪化させる温暖化現象を拡大している。

温暖化現象が継続すれば、我等楽園の地球は近い将来に崩壊するとの情報を得た。

＊ 「燃焼とは物質の酸化であり、常に熱と、光と、CO2を発生する」物理学テーマを想起して火力発電等を抑止すべき対策として「リニア水流連続発電」を発明開発した。

(1),「リニア水力発電」 ＊水流エネルギー連続発電の発明発見の開発＊

｛原理｝：傾斜勾配に於ける「用水路内」の水流勢力エネルギーは、水量Ｑと水速度Ｖに比例して莫大なるエネルギーに変換する事象を発見した。

(2), 2008年 「リニア水流連続発電装置」特許を出願した。

当時の水力発電は、水利権等の難問が多く実用化は難しいとのアドバイスを得て、出願は延期した。

(3), 現場に於ける「実験計画」

場所：新潟県小千谷市＆村上市等（県庁承認に依る。）

＊ JR信濃川発電所 放流水路 活用計画

用地使用権利問題点有りて実施を延期とす。

(4), 熊本県 窒素㈱営業運転水力発電所 放水路活用計画

チッソ株式会社は熊本県に壱拾数箇所の水力発電所を運転している。

チッソ株式会社 社長から「リニア水流連続発電」実験現場として発電所の放水路活用の承認を得た。

実験計画中 承認の３ヶ月後に忌わしい九州大震災を蒙り実験は中止となった。

2．2011年３月11日（平成23年）：関東東北大震災に依り福島第一原発事故を含み、電力源供給欠乏の危機が到来した。｛私は、心ならずも安堵した。「リニア水流連続発電」特許出願を神様が応援してくれたのだと！ 「温暖化防止対策」に勇気が漲った。

(1) ＊ 2011年８月～2012年５月：「リニア水力発電」以下５件特許出願す。

「リニア水流連続発電」特許申請

□＊、概要説明＊

発電用水路に、発電機をセットした長翼水車発電装置を多数直線的に２ｍ～３ｍ間隔で連続設置する。各機器の発生電力を電気室にて集積コントロール制御して即時に良質なる電力源を送配電する。東電PG社との潮流電力統合も容易である。

(2) 「リニア水流連続発電」今後の「温暖化防止対策発電」のメリット

①＊河川等より用水路に１㎥程度の水量を取水して、上流河川300mで1,000kwの発電効果を有する。使用後の水量は即時変水可能です。

3．〔Ｘ－１〕「用水路発電併合防災堤防」特許出願　解説

1，｛特許名称｝　：「発電　堤防」
2，｛特許出願日｝　：　令和２年２月28日

Ⅰ　｛発明の主旨｝

温暖化に因る異常気象変動が、膨大なる悪魔エネルギーとなって日本列島を地獄の底に突き落とした。更に悪化して年々来襲する。温暖化防止対策に余裕は無い。

可及的速やかに為さねばならない私に出来得る事業を２件に絞った。

1，河川堤防決壊防止：温暖化に負けない強靭なるシビルエンジニアリング堤防構築。
2，温暖化防止対策発電「リニア水流連続発電」の実践事業の着工の段階に入った。

「リニア水流連続発電装置」は既に、各種理論実験を重ねて成功して国際特許をも取得した。世界無比なる又温暖化対策発電装置を異常激流水害対策堤防嵩上げ工事に競合して、強靭な堤防を完成させて悪夢なる温暖化現象を防止する。

Ⅱ　｛発明の詳細な説明｝

1，地球温暖化に因る異常気象変動は、山崖崩れや河川氾濫堤防決壊は毎年凶暴の度が強化されるは必定です。あの生き地獄の迫害は再度許してはならない。

早急に、温暖化対策発電「リニア水流連続発電」実践運転の開発及び「強靭なる護岸堤防工事」を着工すべきである。

然し、堤防上に数Ｍもの嵩上げをして強靭なる護岸工事には莫大なる経費を要す。

2，堤防上の嵩上げ工事を「リニア水流連続発電」用の「発電用水路工事」に置き換える。

「リニア水流連続発電」の投資効果は30％の高効率があり、４年目からは賭けた経費が毎年の増収となる。Ｗメリットとなる。これぞシビルエンジニアリング法である。

Ⅲ　｛「リニア水流連続発電」併合「改良堤防設備」｝設計図に因る解説

1，｛「リニア水流連続発電」併合「改良堤防設備」｝

⑴「リニア水流連続発電」は100ｍを以って１単位とする。
⑵　１単位毎に２階フロアに、簡易型発電所を設ける。
⑶　発電機は発電用水路上蓋上部又は２階フロアにセットする。（動力伝達関連）
⑷　用水路は、上段：下段の２段用水路とする。
　①　上段用水路は、水力発電用水路（高さ＝１ｍ）
　□　下段用水路は、異常時等排水用用水路（高さ＝３ｍ）

2，各種設備の機能特性　｛総合｝

⑴　設計図：左側＝側面図、右側＝断面図
⑵　図面中央　｛横点線｝：上部＝（Ａ～Ｈ）間は嵩上げ用水路設
⑶　同上：下部＝（Ａ～Ｅ）間は現在の堤防高さ

Ⅳ　｛新開発：「改良堤防」：の機能特性　！

1，堤防の両端は斜面コンクリート等による防護壁とする。

2，堤防外側壁には水利権者用の１ｍ幅の用水路を設ける。

3，旧堤防上中央部分に幅＝1,5m、高さ＝５ｍの発電用水路を設ける。

　＊　此の用水路が「堤防嵩上げ部」と「リニア水力発電部」の併合効果と成る。

4，堤防上の用水路は、使用目的を二分する。

⑴，上部＝発電用水路（高さ＝1,5m）

⑵，下部＝補助的用水路で、電力保安、其他に活用する。（高さ＝3,5m）

5，堤防上用水路は護岸堤防となる。又川幅が拡大される。

6，河川上部に於ける横水圧は小さいために、堤防決壊の虞れは無い。

7，更に河川氾濫し堤防を溢水しても、発電補助用水路が吸収する。更々に用水路を溢水しても外側壁に設けた、水利権者用の用水路が吸水して、住民の弊害を防ぐ。

8，堤防の決壊を完全に防護が出来る。

Ⅴ　｛堤防上の：「リニア水流連続発電装置」：の　機能特性　！

1，「リニア水流連続発電設備」は、100mをもって１単位とする。

2，１単位毎に簡易型発電所を設ける。

3，発電用用水路：高さ＝1,5m、横幅＝1,5m

4，用水路下部高さ＝3,5m、電気設備保全、其他に使用する。

5，堤防上用水路は、用水路高さ（５ｍ）で堤防嵩上げと電力発電共用の威力が有る。

Ⅵ　堤防上「長翼水車」機能特性：｛用水路高さ＝1,5m、横幅＝1, 5 m｝

1，水車直径＝１ｍ～２ｍ　翼幅＝1,2m

2，バケット水深＝300nm～600nm、（電気特性：回転力、回転数制御：）

3，発電機特性：５倍～20倍の増幅可能：

4，水車直径変化に対して、水車翼数増減する。（８枚～16枚）

5，発電機増幅機器＝⑴ギャー式、⑵チェーン式、⑶Ｖベルト式等

Ⅶ　新開発発電機　｛レアメタル採用発電機｝

1，	発電定格	1 kw	直径＝400mm	厚さ（横幅）＝300mm	重量＝30kg
2，	発電定格	5 kw	直径＝500mm	厚さ（横幅）＝350mm	重量＝45kg
3，	発電定格	10kw	直径＝600mm	厚さ（横幅）＝500mm	重量＝60kg

4．国際特許取得〔発電性能＝10kw＝20kw／秒〕

№3

★温暖化対策発電：国際特許取得★

リニア水流連続発電 発表!

原発、火力発電を無用化する温暖化対策発電開発

№3

世界無比★｛NO３｝国際特許：主旨解説：★

※特許内容解説※

１，用水路式内容
＊水速度＝不変
＊水深Ｅの強度化
２，長翼水車機能
＊特性元理発見
＊実験、運転成功
３，研究開発結果
＊3kw 発電 ok
＊5kw 運転 ok4
4、今後の開発計画,
＊20kw 開発
1 km=I2,800ｋｗ

｛一級河川堤防上計画｝
:1，発電生産高
100km＝128 万ｋｗ
２，堤防嵩上げ
堤防工事不要
３，異常時運転可

写

特　許　証
(CERTIFICATE OF PATENT)

特許第６４４２０９５号
(PATENT NUMBER)

発明の名称　リニア水力発電装置
(TITLE OF THE INVENTION)

特許権者　千葉県船橋市本郷町６８６－１
(PATENTEE)
後閑　始

発明者　後閑　始
(INVENTOR)

出願番号　特願２０１８－０４４７６４
(APPLICATION NUMBER)

出願日　平成３０年　３月１２日(March 12, 2018)
(FILING DATE)

登録日　平成３０年１１月３０日(November 30, 2018)
(REGISTRATION DATE)

この発明は、特許するものと確定し、特許原簿に登録されたことを証する。
(THIS IS TO CERTIFY THAT THE PATENT IS REGISTERED ON THE REGISTER OF THE JAPAN PATENT OFFICE.)

平成３０年１１月３０日(November 30, 2018)

特許庁長官
(COMMISSIONER, JAPAN PATENT OFFICE)

宗像直

№ 4

国際特許第二号

★ {NO 4} 国際特許：原文 30 枚中の 1

I. ㈱ゴカン水力発電開発

※「リニア水流発電装置」:日本国特許取得・2016年5月※
※「同上・世界国際特許取得」:2018年12月※

i リニア水力発電・「REIF福島 2018」：全国産業復興発表会入選！
ii 温暖化対策発電・実践施工会社［①東京地区：(株) I T I 研究所 ②福島地区：(株)南相馬メンテナンス］

〒102-0084 東京都千代田区二番町5-2 TEL・03−3288−8000 携帯・090−8316−5511

WIPO国際事務局

PATENT COOPERATION TREATY

WO 2019/059177
PCT/JP2018/034460

ADVANCE E-MAIL

PCT

NOTIFICATION CONCERNING AVAILABILITY OF THE PUBLICATION OF THE INTERNATIONAL APPLICATION

★ 国際公開公報発行 ★

From the INTERNATIONAL BUREAU ★ 国際公開公報

弊所整理番号 ： PO184366-PCT
国際出願番号 ： PCT/JP2018/034460
★ 国際出願日 ： 2018 年 9 月 18 日
発明の名称 ： リニア水力発電装置
出願人 ： 後閑 始

SUGIMURA Kenji
36F, Kasumigaseki Common Gate West, 3-2-1,
Kasumigaseki, Chiyoda-ku Tokyo
1000013
JAPON

Date of mailing *(day/month/year)*
28 March 2019 (28.03.2019)

Applicant's or agent's file reference
PO184366-PCT

国際出願公開公報発行の通知書(PCT/I…

IMPORTANT NOTICE

International application No.	International filing date *(day/month/year)*	Priority date *(day/month/year)*
PCT/JP2018/034460	18 September 2018 (18.09.2018)	21 September 2017 (21.09.2017)

Applicant ★ 国際公開番号： WO2019/059177
国際公開日： 2019 年 3 月 28 日

GOKAN Hajime 千葉県船橋市本郷町686－1
後閑 始

The applicant is hereby **notified** that the International Bureau:

☒ has **published** the above-indicated international application on 28 March 2019 (28.03.2019) under No. WO 2019/059177

☐ has **republished** the above-indicated international application on ______
under No. WO ______
For an explanation as to the reason for this republication of the international application, reference is made to INID codes (15), (48) or (88) (*as the case may be*) on the front page of the published international application.

- A copy of the international application is available for viewing and downloading on WIPO's website at the following address: https://patentscope.wipo.int/ (in the appropriate field of the structured search, enter the PCT or WO number).

- The applicant may also obtain a paper copy of the published international application from the International Bureau by sending an e-mail to patentscope@wipo.int or by submitting a written request to the contact details provided below.

Warning: Following publication of the international application, applicants, agents and inventors may receive misleading requests for payment of fees that appear to come from the International Bureau of WIPO or other patent Offices which are unrelated to the processing of international applications under the PCT.

Agents are particularly encouraged to be vigilant and alert their clients about this practice. Examples of such requests for payment which have been received by the International Bureau can be found at: http://www.wipo.int/pct/en/warning/pct_warning.html.

Please forward copies of any such requests to pct.legal@wipo.int.

株式会社ゴカン水力発電開発
代表取締役社長 後閑 始

The International Bureau of WIPO
34, chemin des Colombettes
1211 Geneva 20, Switzerland

Facsimile No. +41 22 338 82 70

Authorized officer
Mineko Mohri

e-mail: pct.team8@wipo.int

Form PCT/IB/311 (July 2017)

平成25年11月29日

4 －1図

4－1：「リニア水流連続発電」特性性能定格実証運転写真集

株式会社 ゴカン水力発電開発
〒104-0061 東京都中央区銀座6丁目13番16号
銀座ウォールビル505号室

＊リニア発電
{用水路内水勢力不滅　　…始まる}
小さな水路で，大電力を生産 ！

I 発電実験概要
（1）勾配の用水路内水流勢力は減衰せず更に増強して進行する。
（2）H23年発電特許件数 6件取得.
年初にて揚水タンクリニア実験計画.
特に「脱原発＆脱火力」を指針とす.
（3）3月．発電用水路＆各水車制作.
（4）㈱ゴカン水力発電開発を設立し新型発電機を購入す。
（5）実験地を探索設定計画.
我孫子市手賀沼：曙橋.
（6）実験用地使用許可承認奔走.
ア，国土交通省＆柏出張所.
イ，農林水産省＆印西市
ウ，千葉県庁.
エ，外関連箇所.
（7）実験
平成25年10月～12月　迄
（8）＊連続発電成功.
＊平成25ねん11月29日＊

II，電力専門家見学会
＊平成25年12月12日（木）＊

III，実用化に伴う実験を報道陣関係に公開
＊平成26年　春期　を予定.

IV，今回の実験設備
1，用水路幅25cm&35cm. 長さ30m
2，貯水槽-1m ×1m. 高さ3m.
3，発電機=1kw×2：2kw.

V．今後の開発計画
1．構造 ： 発電用水路＆水車.
流水量に応じて幅,深　さ，直径等を変えて設計して，発電機に階級を付ける。
(1) 幅=30cm. 60cm. 90cm. 120cm.
(2) 深=60cm, 80cm. 1m.　1. 2m
(3) 直径=1m. 1m.　1. 2m. , 1. 5m.
(4) 発電機=3kw. 30kw. 60kw. 100kw.

2．発電水量用地開拓指針
(1) 峡谷＆ダム等強流水箇所発掘.
(2). 発電所放水流活用開発.
ア，リニア故100mに5 用水路で100台の発電機セット可能.
イ，屋内発電所内発電可能.
ウ, 60kw 発電機=6. 000kw発電.
年間発電量=5, 256萬kwh 発電
(3) 参考例：大井川水流開拓.
6 ケ所開拓可能
6, 000kw ×=3萬kw発電可能.
年間26. 200萬kwh 生産する。
電力料金=15 円/kwh40億円／年

{実験綱領}

＄ リニア水力発電 ： 用水路内急水流連続発電は，原発電子に勝る発電力を発揮する。
＊ I ＝用水路内水流勢力不滅性の確認！　第一回の実験にて，水路勾配に依り加速し強制力水流に発展する事が解った。
＊ II ＝用水路内複数水車の連続回転必須量（100rpm）の確保！　揚水機の関連から水路幅＆水車翼幅等1／2としたが，水量増にて各機器規定値以上の成績を得た。
＊ III ＝各水車に直結した連続発電運転（負荷稼働）実績確保！　発電機も150mm 幅の小水車から1KWの発電機運転が可能と成った。大電力連続発電可能性が実証された。

（上）手賀沼曙橋上のリニア発電装置
（沼側からの全景）

本発明は，流水量が生命で有る。
（大雨洪水の水勢力の活用）

★＊15幅水車フル回転状態.
（水しぶきを揚げ強力回転）
＊電圧も無負荷160v／100v.

★＊35幅水車フル回転状態.
（1）回転数150 ／100 rpm.
（2）発生電圧160v～200v.
（3）周波数50～60HZ.
（4）照明設備40w ×10連.
（35幅&15 幅系：2 回線）

(下)手賀沼 下流側からの全景

＊貯水槽（1m×1m×3m）
揚水p10台
用水路30m

★第三回は，揚水p10台で成功した。
（1）水車回転数＝150 rpm.
（2）発電機＝1kw ×2 台発電
電圧=150～～200v 発電す.
（3）負荷設備白熱電灯点灯

★＊　実験成功
水路内全水車フル回転す。
発電機負荷照明す。

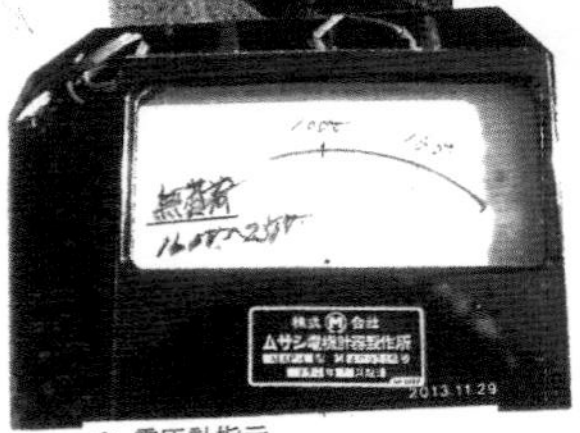

＊電圧計指示
（1）150v～250v指示＝無負荷.
（2）定格負荷＝100v.

＊実験期間設備の継続設置.
（1）強風雨＆地震対策設置.
（2）巡回点検の実施.
（3）橋上通行安全対策.

用水路下流側から上流貯水槽を望む.
＊貯水槽から20m 迄は水路幅250mm
＊手前水車は，30cm幅16枚翼水車
外水車幅．は150mm.

用水路下流側から上流貯水槽を望む.
＊貯水槽から20m 迄は水路幅250mm

＊開発強力会社
（1）富田製作所（用水路，水車制作）
（2）（有）名花工務店（組立，改良）
（3）㈱ウィンベル（発電機製造）
（4）㈱ユニメックス（スクリュー水車製造）

株式会社ゴカン水力発電開発
代表取締役会長 後閑 始

「水力発電装置」は、{日本の特許第一号}

{NO５} 日本国特許：水力発電装置：

※ 用水路及び山岳峡谷河川等通常小水量水流は、流水量増加した水深により莫大なるエネルギーに変化する。 ※此の水勢力エネルギーを「リニア水流連続発電装置」に活用したのが今回の発明開発である。

※用水路水流勢力Ｅエネルギー特性と長翼水車水流トルク活用の特許である。※

① 用水路性能

＊水勢力不変

＊水深水勢力
膨大なる変化

＊勾配に因る
水勢力の活用

② 張翼水車の特性

＊張翼の回転力

＊直径に因る回転数

＊バケット深さ

＊バケット開発

＊発電機回転数の
増幅器開発

＊水車両端に
発電機をセットする。

③ 発電機機能

＊NG コア開発
レアメタル採用

＊発電機可能範囲
１kw～20kw

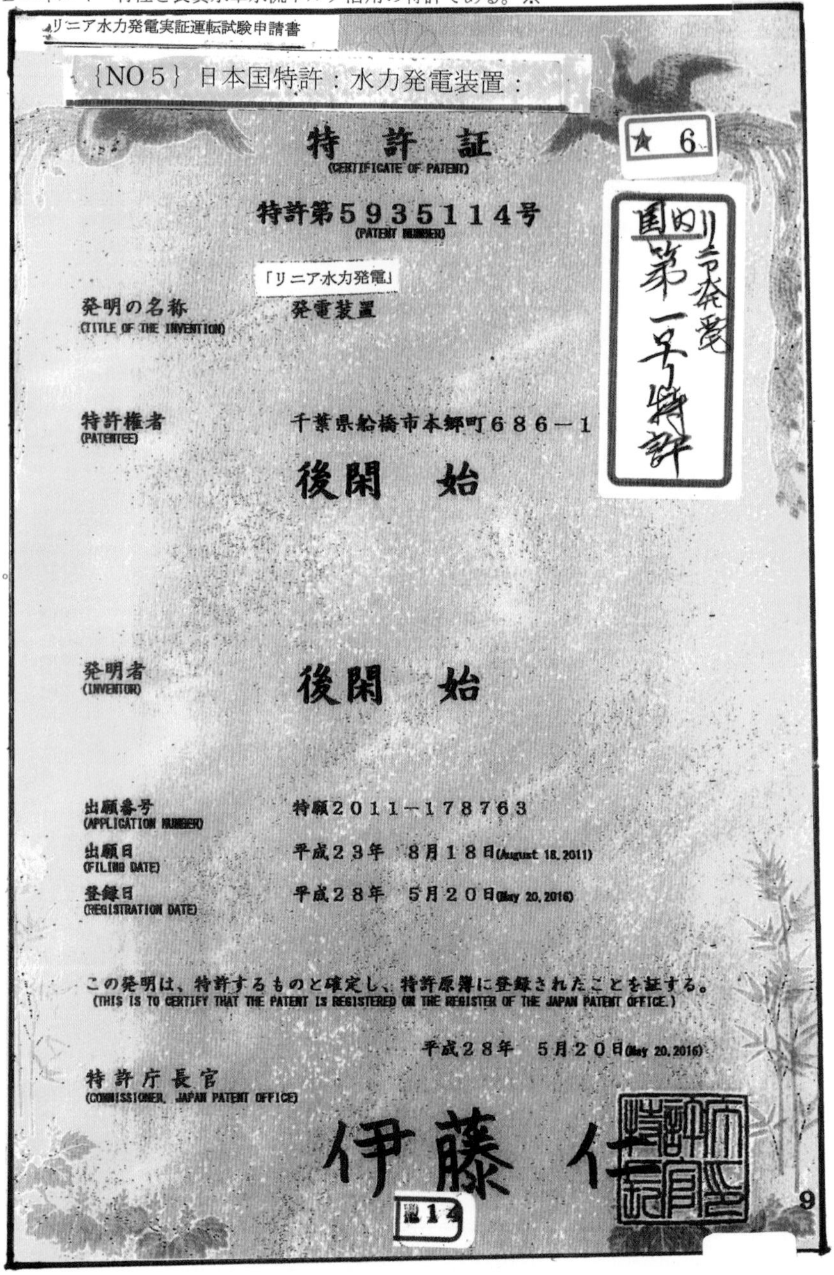

リニア水力発電実証運転試験申請書

{NO５} 日本国特許：水力発電装置：

★ 6

特　許　証
(CERTIFICATE OF PATENT)

特許第５９３５１１４号
(PATENT NUMBER)

リニア発電
国内第一号特許

「リニア水力発電」

発明の名称 (TITLE OF THE INVENTION)　発電装置

特許権者 (PATENTEE)　千葉県船橋市本郷町６８６－１
後閑　始

発明者 (INVENTOR)　後閑　始

出願番号 (APPLICATION NUMBER)　特願２０１１－１７８７６３

出願日 (FILING DATE)　平成２３年　８月１８日(August 18, 2011)

登録日 (REGISTRATION DATE)　平成２８年　５月２０日(May 20, 2016)

この発明は、特許するものと確定し、特許原簿に登録されたことを証する。
(THIS IS TO CERTIFY THAT THE PATENT IS REGISTERED ON THE REGISTER OF THE JAPAN PATENT OFFICE.)

平成２８年　５月２０日(May 20, 2016)

特許庁長官
(COMMISSIONER, JAPAN PATENT OFFICE)

伊藤　仁

9

Ⅵ〔斜面流水勢力エネルギー量〕発見

｛第Ｖ図｝液体の流動エネルギー特性の原理、理論発見解説

No.3. 各種流体力学

★５　★斜面流水体エネルギー活用の理由

斜面水流エネルギー発見

リニア発電の根源

最新　斜面流水対力学

平成28年１月10日

｛新方式　斜面流水勢力エネルギー量発見｝

宇宙の生命を蘇生させる根源は水勢力である。今や地球は、燃焼によるCO_2発生等により、地球生命は80年の寿命となった。（COP21）その原因は、電気エネルギーを必要とする火力発電等が素因の一つとされている。更に危険なるは、地球では使ってはいけない核原料の使用である核燃料使用の原子力発電が日本だけでも51基も使用されている。この内１基発電所が爆発したら、地球上の動植物生物は凡て壊滅する。

天然資源なる横流水力の活用によってこの危険なCO_2事故防止対策及び原子力発電使用に伴う超危険防止対策のために世界未曾有なる「リニア水力発電」を発明した。

「リニア水力発電エネルギー」の根拠となる理論の発明図参照（別図参照）

Ⅰ　新方式：斜面流水勢力エネルギーの発見

１．リニア水力発電等-横流用水路理論発明＝別図＝極秘－①図

斜面流水係数＝「タンジェントθ用水路傾斜角度/「ラジアン（円周角度）90度」この係数発見により垂直落下の位置のエネルギーを斜流動水流のエネルギーに変換することが出来る。（後閑始の発見）此の水流勢力は、流水量によって短距離10m～長距離１kmでも可能で10kW～１萬kW発電も容易に可能となる。

又、水量が１ton～５tonもあれば、100m併列用水路にても数萬kWの生産も可能である。

又、初源水流エネルギーが数（m/sec）あれば、平坦用水路にてもリニア連続横流水発電が可能である。

２．後閑式リニア水力発電の水勢力の根源は、用水路が持つ水流勢力の特性を開発し発生する強力水勢力エネルギーを活用するものである。其の装置は用水路の発明と、長翼水車発電装置発明開発にある。

⑴　理論的には（*tanθ/ラジアン角度*）係数による斜面エネルギーの発見

⑵　用水路勾配水勢力は変換係数により、垂直落下エネルギーを同等の強力エネルギーを発揮する斜面流水エネルギーを斜面勾配角度に対して分析する。

⑶　用水路の水力発電は上面水流勢力と下面水流勢力は異なる質量にて流水を発揮する。下面水流は水深の質量を持つ重量水流の勢力で流水している。

⑷　用水路の水流勢力は、上部分の水流を流動活用しても下半分以下の遊水量水流が連続して流水するので下流においても用水路内水勢力は不変である。

Ⅶ ㈱ゴカン水力発電開発　会社案内　概要

{会社の歩み－１}　＊会社設立の主眼目標＊

地球温暖化現象により、地球寿命が100年後に壊滅崩壊の情報を得た。

「温暖化防止対策」には、日本国内の火力発電電力生産高90％を抑止する事にある。

★第１　予てより研究していた「リニア水流連続発電」を「温暖化防止対策発電」とした。

★第２　全世界に「リニア水力発電」を完備する。原発、火力発電を撤廃する。
全国に「リニア水力発電所」を建設して、温暖化現象を抑止する。

★第３　会社経営上：コンサルタント料及び知的財産権として些少の納入を依頼する。

＊　2008年当時：「リニア水流連続発電」なる横流水流勢力エネルギーなる世界には未曾有なる用水路内の強力水流勢力エネルギーを発見した。この強力な水力を活用して用水路内に多数の長翼水車発電機を配置して電力を生産する「リニア水流連続発電」を発明開発した。

{会社の歩み－２}　温暖化防止対策として、「リニア水流連続発電装置」特許申請の整理

発明開発第１号として「リニア水流連続発電装置」等を出願した。

⑴，2011年８月～2012年５月：特許５件出願した。

⑵，2013年５月出願：５件が特許公開公報取得した。

{会社の歩み－３}　2013年８月：会社設立＊㈱ゴカン水力発電開発！東京都銀座６丁目

「リニア水流連続発電」の信憑性を高める為に、実験及び実証運転を実施した。

{会社の歩み－４}　2013年12月：「リニア水流連続発電装置」＊各種の運転特性確認実験＊

{会社の歩み－５}　株式会社ゴカン水力発電開発　会社案内

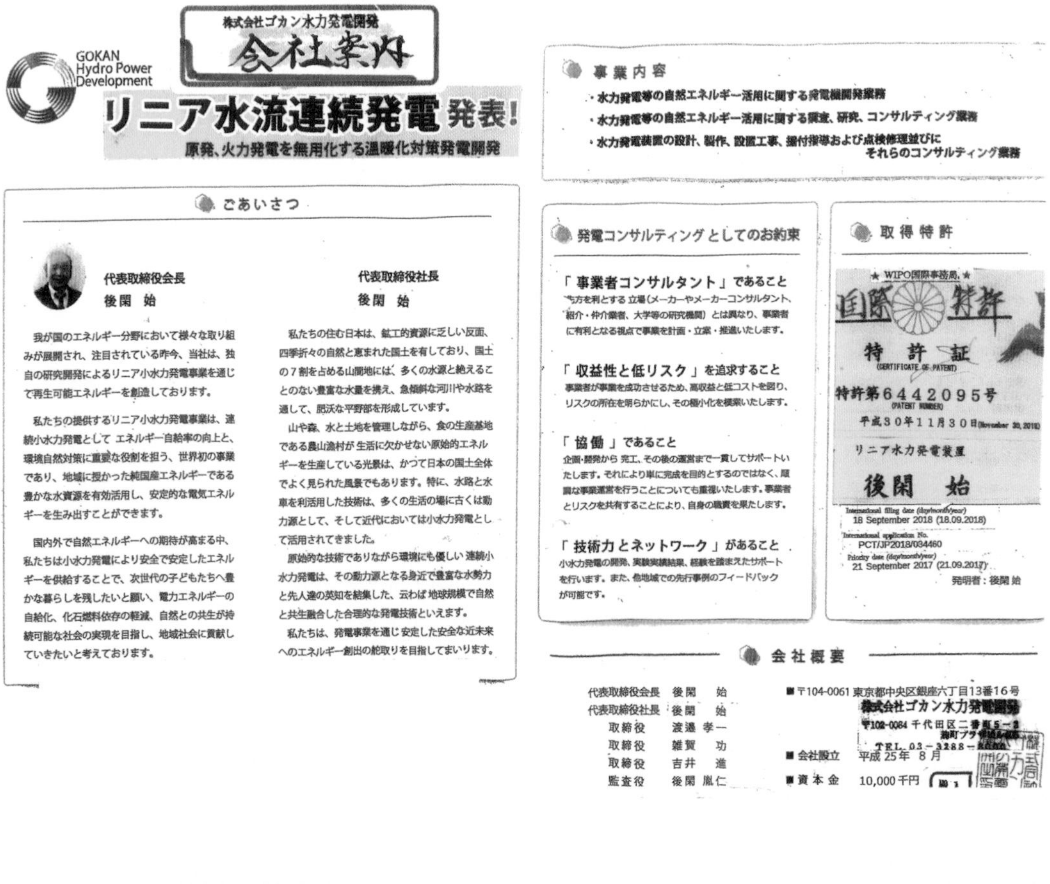

株式会社ゴカン水力発電開発
会社案内

GOKAN Hydro Power Development

リニア水流連続発電 発表!
原発、火力発電を無用化する温暖化対策発電開発

ごあいさつ

代表取締役会長
後閑　始

我が国のエネルギー分野において様々な取り組みが展開され、注目されている昨今、当社は、独自の研究開発によるリニア小水力発電事業を通じて再生可能エネルギーを創造しております。

私たちの提供するリニア小水力発電事業は、連続小水力発電として エネルギー自給率の向上と、環境自然対策に重要な役割を担う、世界初の事業であり、地域に授かった純国産エネルギーである豊かな水資源を有効活用し、安定的な電気エネルギーを生み出すことができます。

国内外で自然エネルギーへの期待が高まる中、私たちは小水力発電により安全で安定したエネルギーを供給することで、次世代の子どもたちへ豊かな暮らしを残したいと願い、電力エネルギーの自給化、化石燃料依存の軽減、自然との共生が持続可能な社会の実現を目指し、地域社会に貢献していきたいと考えております。

代表取締役社長
後閑　始

私たちの住む日本は、鉱工的資源に乏しい反面、四季折々の自然と恵まれた国土を有しており、国土の７割を占める山間地には、多くの水源と絶えることのない豊富な水量を携え、急傾斜な河川や水路を通して、肥沃な平野部を形成しています。

山や森、水と土地を管理しながら、食の生産基地である農山漁村が 生活に欠かせない原始的エネルギーを生産している光景は、かつて日本の国土全体でよく見られた風景でもあります。特に、水路と水車を利活用した技術は、多くの生活の場に古くは動力源として、そして近代においては小水力発電として活用されてきました。

原始的な技術でありながら環境にも優しい 連続小水力発電は、その動力源となる身近で豊富な水勢力と先人達の英知を結集した、云わば 地球規模で自然と共生融合した合理的な発電技術といえます。

私たちは、発電事業を通じ 安定した安全な近未来へのエネルギー創出の舵取りを目指してまいります。

事業内容

・水力発電等の自然エネルギー活用に関する発電機開発業務
・水力発電等の自然エネルギー活用に関する調査、研究、コンサルティング業務
・水力発電装置の設計、製作、設置工事、据付指導および点検修理並びにそれらのコンサルティング業務

発電コンサルティングとしてのお約束

「事業者コンサルタント」であること
先方を利とする 立場（メーカーやメーカーコンサルタント、紹介・仲介業者、大学等の研究機関）とは異なり、事業者に有利となる視点で事業を計画・立案・推進いたします。

「収益性と低リスク」を追求すること
事業者が事業を成功させるため、高収益と低コストを図り、リスクの所在を明らかにし、その極小化を模索いたします。

「協働」であること
企画・開発から 完工、その後の運営まで一貫してサポートいたします。それにより単に完成を目的とするのではなく、順調な事業運営を行うことについても重視いたします。事業者とリスクを共有することにより、自身の職責を果たします。

「技術力とネットワーク」があること
小水力発電の開発、実験実績結果、経験を踏まえたサポートを行います。また、他地域での先行事例のフィードバックが可能です。

取得特許

★ WIPO国際事務局 ★
国際特許
特許証
(CERTIFICATE OF PATENT)
特許第６４４２０９５号
(PATENT NUMBER)
平成３０年１１月３０日(November 30, 2018)
リニア水力発電装置
後閑　始

International filing date (day/month/year)
18 September 2018 (18.09.2018)
International application No.
PCT/JP2018/034460
Priority date (day/month/year)
21 September 2017 (21.09.2017)
発明者：後閑 始

会社概要

代表取締役会長　後閑　始
代表取締役社長　後閑　始
取締役　渡邊 孝一
取締役　雑賀　功
取締役　吉井　進
監査役　後閑 胤仁

■〒104-0061 東京都中央区銀座六丁目13番16号
株式会社ゴカン水力発電開発
〒102-0084 千代田区二番町５－２
TEL. 03－3288－
■会社設立　平成25年 8月
■資本金　10,000千円

⑵ {会社の歩み－２} 詳細解説（国際特許概要説明）

平成30年11月30日（2018年）＊国際特許取得「リニア水力発電装置」＊

＊特許内容：解説：１項、２項、３項

★　１項、特許テーマ：世界未曾有の水流勢力エネルギー理論発見：「リニア水力発電」開発！

★　特許方程式 {斜面水流勢力Ev= 水力落下勢力Ehとα(Rad, 90度：Tan度）に比例する。

＊　斜面水流エネルギーEv=9,8QH × αkg-m

★　２項、液体の流水角度と落下角度の限界角度を発見した。

＊　限界角度はTangent45度が限界角度である。

用水路内の設計勾配限度はtangent45度を限度とする。

＊勾配45度以上は流水が溢水する。

★　３項、規定値内の用水路内水流勢力エネルギーは、永遠に不変である。

但し、用水路勾配＝３ミル勾配以上とする。

発電電力効果は、用水路内に取水する水速度が決定する。

平坦用水路でも、1,000mで１万kw開発を計画中。頑張ろう！

＊　温暖化現象撃破も努力次第となりました。

「温暖化防止対策」に {種を播き、育て、花が咲き、立派に実った！　今後はもぎ取って使うだけです。

＊＊皆様のご協力方応募および御賛同を、お願い申し上げます。

＊　{国際的特許テーマ理論を完成し著作発表することが出来ました。}

＊　{世界の発明発見の先駆者博士の面々と、肩を並べた境地で感動的です。}

＊　世界の発明発見先駆者の＊「テーマ理愉」

(1), アインシュタイン博士：物体元素のエネルギーは、光の二乗に比例する。

外に、相対性理論、太陽の黒点、ブラックホール等々

(2), アルキメデス博士：液体中の物体は、其の物体が排除した液の重さだけ軽くなる。

比重の原理。

(3), フックの法則：弾性の限界内では、歪は外力に比例する。＊バネ秤開発＊

(4), 「リニア水流連続発電開発」：㈱ゴカン水力発電：代取　後閑始

国際特許取得 {テーマ、理論}：斜面水流エネルギーは、水力落下エネルギーとラジアン角度函数に比例する。

{会社の歩み－6} ㈱ゴカン水力発電開発　会社案内 {会社の歩み} ！

＊発明の根源発見＊「リニア水力発電」発明開発＊特許取得＊

＊会社設立＊発明機器特性定格実証実験＊各種理論発見開発＊

※ 「温暖化防止対策発電」として「リニア水流連続発電装置」を発明開発して特許を取得した。

特許発明の根源は、台風や豪雨時に於ける山岳地帯の峡谷に満水した膨大なる水流勢力エネルギーの激変狂乱に叫喚したことに始まった。

河川等の水流勢力エネルギーは、「水量が増加する事によって何倍もの水流勢力エネルギーに変化する」事に気付いた。

＊　１～２ｍの狭小用水路に水流を流水すれば、その水深により水流勢力エネルギーは何倍ものエネルギーに変化するのだ。

「現在の水力発電」は全世界に於いて、ダム等にに因る水量落下重力の位置のエネルギー一本に絞られている。

世界の水力専門家学者や専門技師にに至るまでが、水流勢力エネルギーが連続大電力発電は不可能の先入観に因って眼中に無かった。

私は、2008年水流勢力による「リニア水流連続発電装置」を発明して特許出願に及んだ。当時は特許庁に於いても、水力発電は水量落下の位置のエネルギー一本の考えが強かった。又水流水利権の難関性から出願を躊躇せざるを得なかった。

１．「リニア水流連続発電装置」特許出願

2011年３月11日　※東北大震災に因る原発の爆破から温暖化対策発電に絡んだ現実も有って「リニア水流連続発電装置」の特許申請を承認した。

2011年８月18日 「リニア水流連続発電装置」の特許を出願した。

２．「NEWGD」シンクタンクＧ会　結成

⑴，2012年１月１日　事業部設置：船橋市本郷町686-１　後閑始　邸

⑵，会長＝後閑始　開発理事＝日テレ局、塩田明雄　理事＝山田岳雄　他

⑶，「NEWGD」シンクダンク会開設発表：講演＆パンフレット配布！

※　NO：□ {開業当初事業計画パンフレット} =「リニア水力発電」解説※

⑷，主要会社歴訪して、世界無比「リニア水力発電」の有能性を解説賛同依頼す。

＊　ソフトバンクＧ：(孫正義社長) 他数社歴訪す。

⑸，千代田区麹町㈱企業経営Ｃ　渡邉社長の賛同により㈱ゴカン水力発電開発設立！

３．2013年８月20日　会社設立　㈱ゴカン水力発電開発

⑴，場所：東京都千代田区銀座６丁目13番地　オウルビル５Ｆ

⑵，詳細は、会社案内　NO５参照

4．群馬県利根川水系：「リニア水力発電」実証運転！
{実証運転指針}　⑴，水車構造改良に因る発電機特性其他確認
　　⑵，用水路水流勢力に因る水力発電機間隔等確認
⑴，実験期間　2017年９月～12月
⑵，場所　群馬県利根川水系一：広瀬桃木用水路
⑶，実験要項　A、用水路：幅＝３m、水深＝２m、水速度＝５m/sec
　B、長翼水車：直径＝１m、幅＝１m、翼数＝14枚
　C、発電機：３kw、{実験計画＝５kw~10kw}
⑷，実験結果　A、発電機：全機＝定格発電、良好
　B、長翼水車：回転数＝良好、（但し水流飛散多し＝翼数減要）
　C、実験期間：2017年９月～12月（都合にて10月にて中止）
　＊５kw～10kwの実験は出来なかった。＊
⑸，実証実験写真集
　A、６図：実証運転実験場案内図
　B、７図：実証運転現状写真集
　C、８図：新型改良水車発電機{５kw～10kw発電用}改良写真

{会社の歩み－７}「NEWGD」シンクタンクG結成パンフレット

「NEWGD」シンクタンクG　発会当初の＊{会社案内パンフレット}＊
1，事業名称：「NEWGD」シンクタンク・グループ
2，指針：発明した世界無比「リニア水流連続発電」賛同者の応募
3，賛同者応募対策：宣伝パンフレット配布、広告、解説書を著作し全国講演する。
※　詳細説明は会社開業当初：事業計画書パンフレットを参照下さい。

{会社の歩み－８}　REIF-ふくしま：「福島復興研究発表会」参画

REIF{リーフふくしま}福島復興研究発表会参画{発明品：展示会}出展す。
1，2018年11月７～８日：REIFふくしま：2018{発明品展示発表会参画
⑴　外国勢含む201企業社参画
⑵　講演選抜：20社中　筆頭講演の栄誉を頂きトップを切って講演発表す。
⑶　会場では60社の賛同者が集合した。５kw発電機をセットした「用水路式リニア水力連続発電装置」の説明をして賛同を募った。
　賛同者面々は、手動で軽々と稼働するのに絶賛してくれた。
　又これが２～３m間隔で連続発電することに驚嘆の声があった。
⑷　早速、㈱南相馬メンテナンス会社から実践施行の要請が有り契約に進んだ。
　一週間後、南相馬山岳地域、東北電力発電所の放流水用水路に因る「リニア水流連続発電」実践の現場調査を実施した。

4．　2015年３月：「リニア水流連続発電」各種特性、性能、定格等実験開始

⑴，千葉県我孫子市手賀沼東側旧河川橋上道路上50m使用計画。

⑵，2015年７月：国土交通省及び農林水産省使用許可承認書受領。

⑶，2015年８月～12月：各種特性試験実験施行す。全てが成功す。

①、：用水路＝始端水流勢力～終端水流勢力は不変　成功す。

②、：水路傾斜に因る推測の発生＝Tan30°（H３m/W20m）＝水速度３m/sec

③、：水車直径１m、幅30cm、水深50cm：回転数＝100rpm　成功す。

④、：発電容量１kw、回転数300rpm＝定格発電す。成功す。

⑤、：用水路長50m、水車発電機間隔５m　全発電機＝定格発電す。成功す。

5．電力専門家：実験観察　講評＝成功す。

⑴，監察官：＊江沢元電源開発会長、＊東大進藤教授、＊東京工業大学荒川教授

⑵，５m間隔の連続発電機が１㎥の水流で連続に全てが定格発電した事は、嘗て世界にない活気的な発明の示現である。

⑶，開発を探求すれば、発電機１台の発電性能が10kw～20kwもの可能性がある。

⑷，温暖化対策発電には最適な自然エネルギー水力発電である。

今後「リニア水流連続発電装置」が世界全土に普及すれば、原発や火力発電も不要となれば、あの生き地獄の温暖化が無くなり、火力発電に使った６兆円の外資が毎年不要となり又「リニア水力発電」の発電開発が永遠に継続する。

⑸，日本は、世界一の電力発電国家となって電気事業の工業国に発展する。

⑹，日本には、蒼き楽園の地球に蘇生して小山の奥まで祭りの太鼓が響くでしょう。

⑺，世界の民族も、豊かな楽園の日本に集うでしょう。

6．今後の課題

⑴，温暖化現象を抑止＆撃破するために「リニア水力発電」を世界に普及する。

⑵，「地球崩壊の日」と題名して著作して温暖化対策発電「リニア水力発電」の有能性をアピールして、誰でもが容易に発電所長の夢が見られる時代を創りたい。

⑶，茨城県の「霞ヶ浦湖水汚染清浄化」及び周辺の水害ハザード地区干拓開発を「リニア水流連続発電」が開拓する。

⑷，著作出版した「地球崩壊の日」の本書解説講演会を、日本全国に亘り開催して「リニア水流連続発電」の有能性を足で稼いで皆さんの賛同を得たい。

⑸，兎に角温暖化に因るあの地獄絵に勝る現実は避けねば成らぬ。

“被災して　残りし人の　苦しきは
脳裏に地獄が　彷徨い続く　！”

※　然し、水利権に拘わる難問題が生じた。

2，各種図面説明

⑴，{Ⅷ} − 1 図}　REIFふくしま2018　講演資料

⑵，{Ⅷ} − 2 図}　福島復興研究発表会　参画者　展示品一覧表

⑶，{Ⅷ} − 3 図}　展示品：「リニア水力発電装置」一式

⑷，{Ⅷ} − 4 図}　㈱南相馬メンテナンス写真集

⑸，{Ⅷ} − 5 図}　南相馬「リニア水流連続発電」設計図

⑹，{Ⅷ} − 6 図}　改良型長翼水車構造説明図（5 kw〜10kw 発電機）

詳細説明＝Ⅷ　福島復興研究発表会　参画資料を参照下さい。

{会社の歩み－9}　霞ヶ浦湖水汚染清浄化＆湖畔干拓開発計画

霞ヶ浦湖水汚染清浄化＆湖畔干拓開発計画参画＝「リニア水力発電」活用

令話元年5月：某会社（国交省関連）ITI会長柳田勝氏から、霞ヶ浦湖に関連する水質清浄化に「リニア水流連続発電」の活用に就いて依頼があった。

※　その企画、計画設計図は下記の通りです。

{Ⅸ} − 1 図：霞ヶ浦湖水汚染清浄化活用「リニア水力発電」企画設計図

{Ⅸ} − 2 図：「リニア水流連続発電」設計図

＊　詳細説明＝□　霞ヶ浦湖水汚染清浄化＆湖畔干拓計画　資料を参照下さい。

{会社の歩み－10}　台風豪雨による河川堤防改良計画（案）

{Ⅹ}、台風豪雨に因る河川堤防改良計画 {案}　＊名称 「発電用水路堤防」

＊　堤防の上部に発電用水路を合併建設する。

1，＊　令話2年2月18日：特許出願す。

2，メリット　＊発電用水路堤防＊：発明　特許出願中

⑴，高さ＝5 m、幅＝1,5m、水力発電機（含む水量）重量＝2 Tonの嵩上げ堤防

⑵，堤防工事完了後は、膨大なる電力発電生産が可能となる。

3，詳細説明　Ⅹ − 1 図＝「リニア水力発電用水路」堤防：嵩上げ設計図

{会社の歩み－11}　荒れ狂う温暖化現象地獄絵の写真集

{Ⅺ}、※　荒れ狂う台風豪雨温暖化現象の現実の姿　写真集！

令話元年9〜10月　忌まわしい台風豪雨の15号、19号、21号は、日本全土を強襲し崩壊の渦に巻き込んで、人類を地獄の底に没落させた。

※　掛かる惨事は早期に撃退せねば成らぬ。

詳細に就いては　Ⅺ、荒れ狂う温暖化現象現実の姿　写真集を参照下さい。

※「水流勢力」未開発の理由※

{会社の歩み−12} 河川等の水流エネルギーが「リニア水力発電」未使用の理由

※ 河川等の膨大なる水勢力エネルギーが「リニア水力発電」されなかった理由 ※

A：世界技能認識で、「水力発電はダム式位置のエネルギー発電」に限定していた。

B：西洋の開発者が、横流エネルギーは下水道やパイプライン等に限定していた。

C：今後は旧来の老醜を破り、「リニア水力発電」の時代に躍進する。

1，水力発電は、ダム式位置のエネルギー発電（水の重力落下式）に限られていた。

※ 従来のダム落差水重量落下式水力発電は、落差に因る水力位置のエネルギーとして国内電力生産量は5,600万kwを生産している。

＊ 発電力Ew＝9,8×Q×H（kw）

2，2016年以降は、日本の水力発電は中止となった。場所が無くなったのです。

3，世界無比の「リニア水流連続発電」を公開発表計画中

※ 今後は、発明開発された「リニア水力発電」が「温暖化対策発電」として活躍する。

⑴，特許取得　⑴，平成28年５月 「水流水力発電装置」国内特許取得。

⑵，平成30年11月 「リニア水力発電装置」国際特許取得。

⑵，揚水路、「リニア水力発電装置」：構造機能、各種定格等実践運転試験成功。

⑶，2018REIF福島復興研究発表会：200企業社出展中筆頭講演の栄誉を戴いた。

⑷，現在、霞ヶ浦湖畔に「リニア水流連続発電」実践運転開発中。

4，横流エネルギーは、下水道やパイプライン等に専用化されていた。

※ 斜面流水勢力が「短区間強力水勢力発電」として活用されなかった理由 ※

Kutter（クッター）氏は、用水路式斜面を流水する水勢力は勾配によるものとして1869年クッターの流水公式が発表された。

＊ 此の公式に一つの落とし穴が有ったのです。

此の公式の欠陥によって、横流水勢力エネルギーの発電開発が閉ざされたのです。

※ 此の公式欠陥を開発発明して「リニア水流連続発電」の特許取得成功が出来たのです。

クッターの流水公式をManning（マーニング）が長距離下水道の理論に活用した。

又HazenWillams（ヘイゼン・ウィリアムズ）が長距離圧送式に活用した。

短距離、斜面胸強水勢力発電開発は完全に無視されていた。

1，1869年、Kutter（クッター氏）の式に寄る流水水勢力が発表された。

Q = Av

：但し　Q = 流量（㎥）、A = 水流断面積（平米）、V = 流速（m/sec）

$$\text{流速}V=\sqrt{\frac{W}{k}\cdot\frac{A}{L}\cdot\frac{k}{L}}=C\sqrt{RS}\,({}^{m}/{}_{s})$$

$$R=\frac{A}{L}\ =\text{平均水深}$$

$$S=\frac{k}{L}=\ \text{勾配}$$

$$C=\sqrt{\frac{W}{k}}=\frac{23+{}^{1}/{}_{n}+{}^{0.0015}/{}_{S}}{1+n(23+{}^{0.0015}/{}_{S})\sqrt{R}}=\frac{23+{}^{1}/{}_{n}+{}^{0.0015}/{}_{S}}{1+(23+{}^{0.0015}/{}_{S})\frac{n}{\sqrt{R}}}\cdot\sqrt{RS}$$

$$=\frac{N\cdot R}{\sqrt{R}+D}$$

$$C=\sqrt{\frac{w}{k}}=\frac{23+1/n+0.00155\%S}{1+n(23+0.00155\%S)\sqrt{R}}$$
（クッターの公式-1869年）

w：水の単位体積当たりの重量〔kg/m³〕
k：比例定数，A：流水面積〔m²〕
L：潤辺の長さ〔m〕，
k：ab 間の落差（図1），
n：粗度係数
nの値は水路の水との接触面の状態によって変わる係数

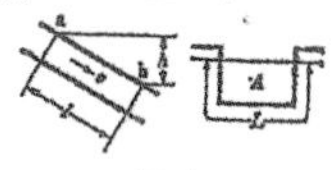

図 1

$$\left\{\begin{aligned}N&=\left(23+{}^{1}/{}_{n}+{}^{0.0015}/{}_{S}\right)\cdot\sqrt{S}\\&\left(23++{}^{0.0015}/{}_{S}\right)n\end{aligned}\right.$$

W＝単位体積当たりの重量$({}^{kg}/{}_{m^3})$,k=比例定数,A=流水面積(m^2),L=周回長さ(m),h=R·b間の長さ,n=用水路面の係数(0.012～0.015) 図－1

2、Manning(マニング式)

下水道の自然流水下水管の設計指針解説(クッター式を活用している)

$$Q=AV\quad,\quad V=\frac{1}{n}\cdot R^{\frac{2}{3}}\cdot I^{\frac{1}{2}}$$

凡例

Q=流量　，　A=流水断面積(m^2)　，　V=流速$({}^{m}/{}_{s})$　，　n=粗度係数　，
R=水深(m)=${}^{A}/{}_{p}$　，　P=流水の周りの長さ(m)，I=勾配(分数又は小数)

W＝単位体積当たりの重量$({}^{kg}/{}_{m^3})$,k=比例定数,A=流水面積(m^2),L=周回長さ(m),h=R·b間の長さ,n=用水路面の係数(0.012～0.015) 図－1

3、Hazen・Williams(ヘイゼン・ウイリアムズ)(圧送式の場合=(長距離水圧管))

$$Q=AV$$

$$V=0.84935\cdot C\cdot R^{0.63}\cdot I^{0.54}$$

凡例

V=平均龍勝$({}^{m}/{}_{s})$　，　C=流速係数　，　I=動水勾配$({}^{k}/{}_{L}\ )$，h=長さ L(m)に対する高さ

4、従来の用水路水流勢力発明家は、用水路は、ミル勾配 km 単位長距離下水道施設、長距離水圧用水路管等によるものであり、用水路の強水流勢力有能性は一切考慮されていなかった。横流水勢力未開発の原因である。

{会社の歩み－13} 「リニア水流連続発電」実験：成功

1．〔電力専門家観察：好評〕

【5－1図】

用水路連続発電第３回模擬実験

2013. 12. 12

リニア水力発電成功

Ｖ－１：電力専門家「リニア水力発電」実験観察写真集！

㈱ ゴカン水力発電開発

給水装置
１号機
２号機（発電機設置）
３号機
４号機（発電機設置）
リニア水力発電模擬実験場

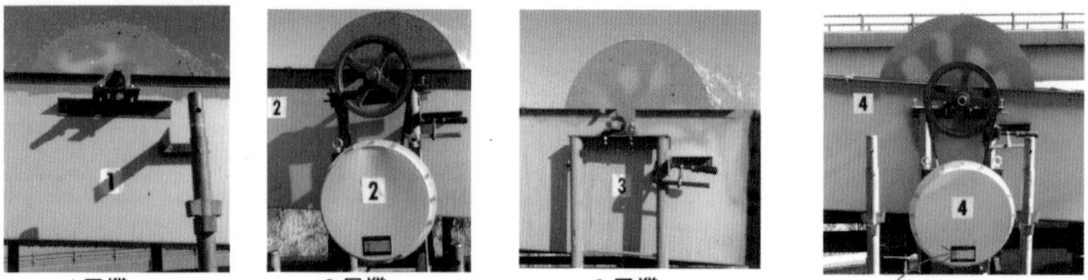
1
2
3
4

１号機	２号機	３号機	４号機
D=1m	D=1m	D=1m	D=1m
水路幅＝250mm	水路幅＝250 mm	水路幅=250mm	水路幅＝350mm
翼　幅＝150 mm	翼　幅＝150mm	翼　幅=150mm	翼　幅＝300mm
翼　数＝16 枚	翼　数＝16 枚	翼　数＝16 枚	翼　数＝16 枚
	発電機＝1.0KW		発電機＝1.0kw

江沢先生
荒川先生
渡辺先生
進藤先生
雑賀取締役
後閑会長
「リニア水力発電機構」
用水路連続発電模擬実験場
主催・㈱ゴカン水力発電開発
第３回実験参加メンバー

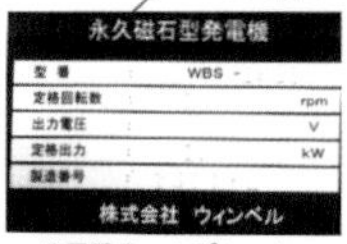
永久磁石型発電機
型番 WBS -
定格回転数 rpm
出力電圧 V
定格出力 kW
製造番号
株式会社 ウィンベル

発電機ネームプレート

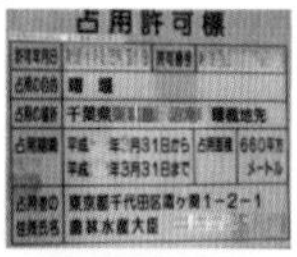
占用許可標
曙橋
東京都千代田区霞ケ関1－2－1
農林水産大臣

手賀沼曙橋占用許

後閑会長
雑賀取締役
進藤元東大教授
渡辺相談役
江沢元電源開発OB会々長
荒川東工大教授
会長の実験概要説明

２号機白熱灯点灯
（１０灯）
２号発電機
２号機負荷実験

実験は成功す
４号機白熱灯点灯
（10灯）
４号発電機
４号機負荷実験

観察後資料説明・質疑応答

2．群馬県　利根川実験（発電力増強実験）

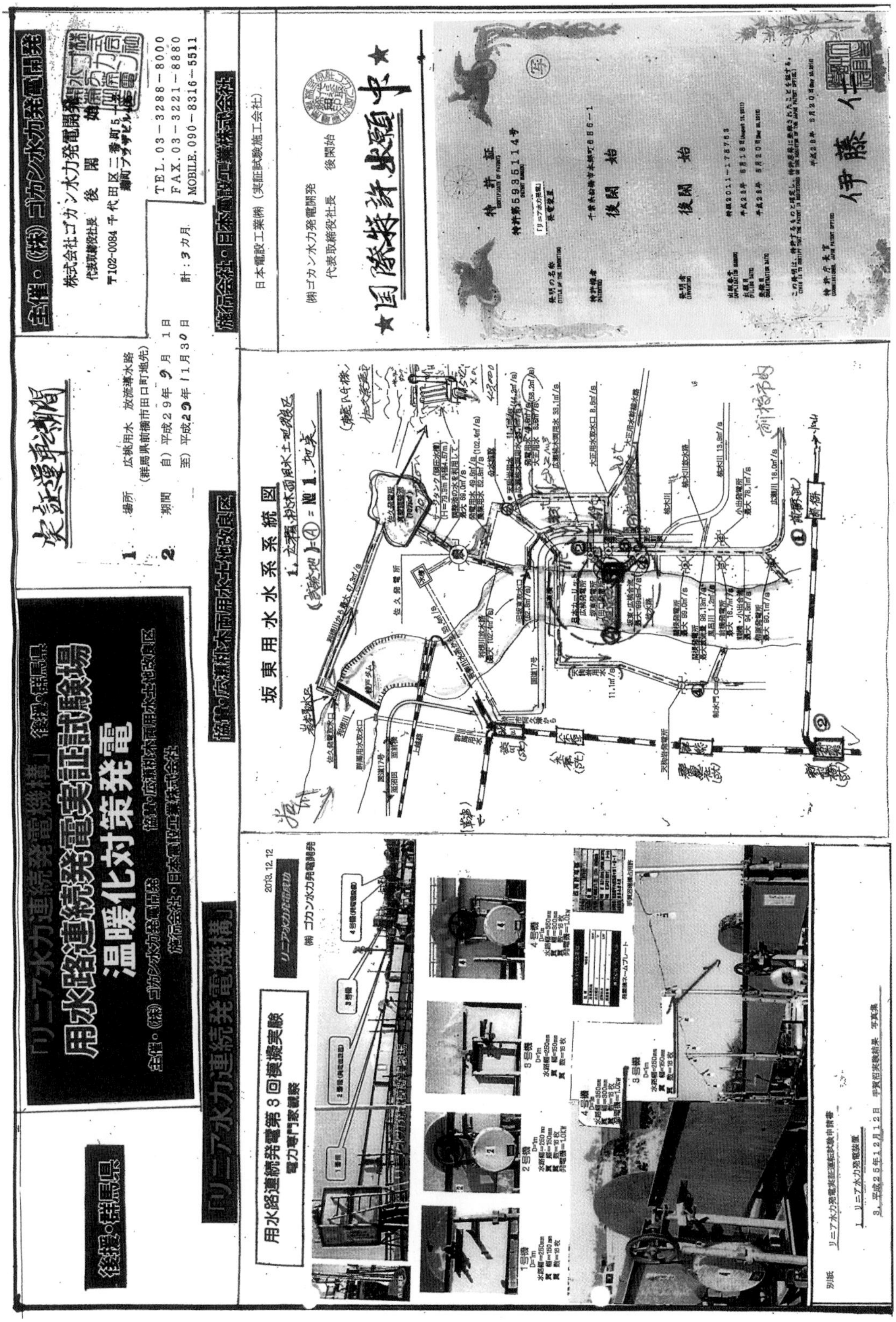

｛会社の歩み－14｝「NEWGD」シンクタンク＊G＊結成パンフレット〔開発賞初〕

※「リニア水流連続発電」発明し ｛温暖化対策｝ を決行 ※

横流水勢力の膨大なる水流勢力を発見発明し、世界無比なる「リニア水流連続発電装置」を開発した。

※　開発の主旨は宇宙圏内蒼き楽園の地球を脅かす「憎き温暖化現象」の抑止に有る。※

1，世界無比「国際特許取得」の「リニア水流連続発電装置」の理論

①　世界無比＊「リニア水力発電」＝今後不可欠の「温暖化防止対策」発電を解説する。

⑴，理論：発電用水路に、長翼水車発電機を多数直線的に連続配置して各発電電力を電気室にてコントロール制御の電力を多量に生産する。

⑵，現状の発電効果＝発電用水路に、1㎥の水量にて、300mで1,000kwを発電す。

⑶，現在、ダム落下式水力発電は、全面的に生産不可能である。(5,600万kw)

＊　2016年度から日本国内の水力発電の開発事業は完全に停止した。開発箇所が無くなったのです。従来の水力発電量では、温暖化防止対策は全く出来ません。CO2発生の火力発電生産高は、日本電力の90%=3億KWです。燃料代も年間で￥6兆円も海外から輸入しているのです。

＊　世界無比なる有能な「リニア水力発電」を活動させて、温暖化現象を撃破すべき時期到来です。悲惨なるあの生き地獄の再来は避けなければなりません。

皆様に新開発「リニア水力発電開発」活躍のご協力を切にお願い申し上げます。

2，「リニア水流連続発電」所用の ｛発電用水路｝ に関連する各種特性実験　※第1号実験

②　2013年12月：鉄製用水路にて「リニア水流連続発電」運転特性確認実験を実施した。

＊　実験施工許可承認：国交省、農林水産省★「リニア水力発電」＝｛日本国特許取得｝ ★

｛上段写真図｝ 50mの鉄製用水路で手前に2m高台に2㎥の貯水槽を設計した。

＊　2m高さから20m先の地平線迄の勾配角度で水速度＝3m/secを算出した。

＊　用水路は20m先からは、平坦地平用水路として平坦用水路内水流勢力エネルギーが末端まで不変特性の連続発電の可能性を確認する。

A、鉄製用水路：幅＝350mm、高さ＝600mm、長さ＝50m、：

B、長翼水車：幅＝300mm、直径＝1m、バケット数＝12枚

C、交流発電機：1kiw × 5台

⑴　場所：千葉県松戸市手賀沼東口　旧道路実験場

⑵　施行日：11～12月　5回、1回＝ ｛初日＝運搬組立、2日目＝実験、3日目解体運搬｝

⑶　監察官＊電力専門家：電源開発OB会会長、東大教授、東京工大教授外技師等。

⑷　実験結果講評：運転特性＝各種の結果は良好。発電気＝1kw発電、外4基－＝同良好

＊　講評協議事項：用水路内の連続発電は未曾有の新開発発見だ。今後の大電力発電の開発に期待する。の好評を得た。

｛下段＝設計図｝ A＝側面図、B＝断面図、C＝平面図：用水路＝並列用水路発電

＊　発電所の概要説明：用水路内の水車発電機電力を発電所のコントロール制御盤にて良質なる商用電力に変換する。電源切り替え装置で需要家用配電回路と東電売電用送電線回路に分離する。従って「リニア水力発電」回路は停電しない。

常時 ｛無停電発電装置｝ のサービスが出来るのです。

「NEWGD」＊G＊開業当初の事業開発宣伝用パンフレット

＊世界無比「温暖化対策発電｝「リニア水流連続発電」の提供!
※原理発明、開発有能性、投資効果抜群、有効メリット等※

当初企画　用水路リニア発電

天然資源水勢力発電装置発明開発事業計画

（発電 及び 飲料水運搬用水路の開発）

「発電用用水路発電発明」（本年特許１号出願中）

NEWGDシンクタンクグループ会
会長　後　閑　始
（公益社団法人：東京電管技協会所長）

［NEWGD：自然エネルギー発電開発］

長距離発電用用水路を建設し発明した用水路に新型水車発電機を無数に連続設置する「NEWGD」自然エネルギー発電装置

用水路発電：勾配を有する筒枠内の水勢力は高密度に加速増幅成長して、津波的に強化進行する

◆用水路発電量は、１水路で160万kw＞原発（80万kw/台）

◆用水路水勢力＝6,000kg m/s　｛W（２m）・H（１m）・（３m/s)｝・α

◆用水路の水勢力は、１回毎使用後も同勢力にαの加速力を加えて連続の拡張エネルギーをなって源動力を継続して進行する

モットー：**脱**　原発・火力発・ガス発に匹敵する**新電力開発**
　　　　　発電後は水道水として活用する

天然資源大電力発電装置開発要綱

今回、開発提供の「新型発電装置」の必要性は、焦眉の急務となってきた。

現在の電力生産状況はエコ対策に始まり、火力発電の原油埋蔵量欠乏問題を含み、微小ながらも風力発電太陽エネルギー、地熱、潮流や化学等に至るまでの緊急性に喘いでいる現状である。

特に今回の“東日本大震災”は、電力エネルギー資源の最主力たる「原子力発電損壊による電力減少や人類生存危機」の破綻を惹起した。

私は、数年前からCO2のエコ対策に鑑み「新型発電装置」の発明を考案していた。

本、長距離用水路発電装置は、日本の地形に最適なものであり、豊富なる電力エネルギー資源を活用した最も高効率的にまた広範囲に於て電力を生産出来得るもので、今後即「必需装置」として稼働したい。

（NEWGD＝自然エネルギー発電開発）

今回、本、「新型発電装置」を開発提供して**“日本復活（頑張れ日本）・脱原発・脱火力発”**に役立て、特に世界CO2温暖化対策に貢献する覚悟で立ち上がる所存です。

(1)　発電量＝160万kw/100km>原発（80万kw/台）

(2)　用水路水勢力＝6,000kg・m/s（各個機毎の動力源）

１．開発事業計画（根源＝国家大計）

緊急**国家事業**として請願したい。（大震災の被災地救済＆眠る電力天然資源の開発）

高速道路と同様に発電専用の用水路（水勢力無尽蔵エネルギー）に連続して用水路用水車発電機を設置する。

［NEWGD］自然エネルギー大電力発電装置を設置し日本電力の復活と企業の活性化を図る。

又、被災の心を救う。本装置は、世界何処でも容易に開発が可能です。

２．開発事業者応募（シンクタンク＆プロジェクトチーム結成）

(1),　発電専用用水路建設（高速道路方式＆護岸堤防上建設）＝本年特許１号出願（以下４件出願中）

(2),　中、小型発電所建設（含む，変電設備）

(3),　中、小型発電装置製造（製造、据付、運転、その他）

(4),　送電系統建設（送電、受変電、配電設備）

(5),　源流高落差ダム等においては、従来のペルトン水車発電を採用

(6),　発電後の用水路水は水道水として生還する

３．「新型発電装置」＝｛専用用水路発電方式｝［NEWGD］自然エネルギー発電開発

水車動力源を、高落差発電WgHに対して、河川のミル勾配に依る加速力Wmαなる流水勢力と、発電専用用水路のエネルギー保存の性質を重畳した、更に高効率にUPして発電する方式。

用水路水流エネルギーを河川上流にて受水し、河川勾配に沿ってWmα加速を継続しつつ水勢力エネルギーを増幅しての発電力として大型発電に大きく役立たせる。

＄「発電専用用水路方式発電」［NEWGD］自然エネルギー発電開発

(1),　護岸堤防上に建設する（堤防護岸防壁として役立つ）

(2),　河川堤防外側に建設する（高架水道路方式）

(3),　発電用専用用水路を建設する（高架水道路方式）＝希望箇所に建設可能

(4),　用水路発電動力源水勢力＝6,000kgm/s　｛幅（W＝２m）・高さ（H＝１m）・水速（v＝３m/s)｝・α

4．発電専用用水路に活用の水車発電機

(1)，従来の水車発電機を活用（即実践可能）

ア，ペルトン水車発電機（高落差用）

イ，フランシス水車発電機（中低落差用）

ウ，カプラン水車発電機（低落差用）

エ，潮流用プロペラ水車

(2)，［NEWGD］自然エネルギー発電開発（用水路用）で発明した新型発電機器各種

ア，＊長距離発電専用用水路（本年特許出願－第１号）

イ，＊全面受水回転式水車発電（本年特許出願－第２号）

ウ，＊篭型スクリュウジェット噴流式水車発電（本年特許出願－第３号）

エ，＊大羽根下掛け回転水車発電（本年特許出願－第４号）

オ，＊総発電量は160万kw計画＞原発（80万kw/台）

（１台あたり800kw発電機を100mに２台設置として、100km用水路で160万kwを発電）

発明品の模作開発は、事業交渉時の議案とする。

5．発電用用水路発電装置　建設各種方式

発電用水路用水車発電機については用水路用専用発電機として発明し４件発明特許請願した。

(1)，発電用用水路発電①（護岸堤防上発電用水路）

平野地や市街地大河川の場合は、護岸堤防上に「発篭用用水路」を建設する。　（④の図による）

因みに河川の水圧は、堤防上部になるほど横水圧は小となる。護岸堤防において洪水時になると増水して堤防を溢水してあふれる事により決壊が始まる。堤防上の「発電用水路」は護岸防護に大いに役立つものとなる。

(2)，発電用用水路発電②（護岸堤防外側発電用水路）＝別途発電専用用水路を高架及び地平水道路として建設する河川岸堤防とは別に発電専用の「発電用用水路」を高架及び地平水道路として建設する。

用水路に連続して「発電所」を建設する。　（④の図による）

ア，大電力を得る場合は、連続発電設備の電力を総合すればよい。

イ，日本古来水車発電、フランシス＆カプラン水車等の羽根車式やプロペラ式等の改造型も活用できる。

ウ，用水路用として発明した、新型発電機は用水路用として専用に発明されたものでその効果を十分に発揮する。（別途資料：天然資源大電力発電開発特許各種　※別紙１参照）

6．建設事業着工仕様（用水路発電方式）

＊本工事は、NEWGD（自然エネルギー発電開発）の精神を基盤とする

(1)，仕様は、目的、概要、設計等に依る。（別途　設計図参照）

(2)，建設業、大震災被災地区を優先する。（被災地区の皆さんの心に光明を！）

(3)，被災地区に、建設事業等の働く場を提供する。

(4)，被災地区に発電活性化をもたらし、国家一丸「頑張れ日本！」の幸せの気運を図る。

(5)，東京電力㈱関連九電力会社及び国家に要請して、従来以上の電力事情の復活を図りたい。

(6)，東京電力㈱及び国政が応じない場合は、東北各被災地県知事及び企業家と結束して発電の給電を完成する計画を行う。

(7)，本提案（NEWGD＝自然エネルギー発電開発）は、CO2温暖化対策及び老朽化した原発破壊の放射元素の原子爆弾以上の危険な原発を脱却するもので、発電専用の用水路に依って無尽蔵なる水力源を、強力なる水力電気エネルギーに変換増幅するものである。

又発電用水路には、連続して多数の水力発電機が併設出来る為に無尽蔵なる電力の生産が可能である。また各処においての需要の供給が容易に可能である。

故に、脱（原発、火力発、ガス発、燃焼発等）危険事業を撤廃することが出来る。将来の世界の安全の為には是非とも完成させたい。

更に発電後は、飲料水として活用する。

7．NEWGDシンクタンクグループ会

会　長　後閑　始

技術開発専務理事　飯田岳雄

報道開拓専務理事　塩田明雄

事務局　：　千葉県船橋市本郷町686-1

開発事業社

｛用水路発電（流水勢力）｝の原理

ア．高落差発電（位置エネルギー）の有効落差「Ｈｅ」に対し、用水路発電（流水勢力エネルギー）水流勢力を、「ＨＰ」とする。有効落差に対する用水路水流勢力の発電力換算は、ＨＰを水車理論上の発生動力とすると、落差勢力が水流勢力に換算されて発生電力を得る。更に用水路での発電水力は次から次へと減少することなく流水勢力を加速して進行して次の発電エネルギーとなって連続活用出来る。

［ダム式高落差電力：ＰＥ］　［用水路横流水勢力電力：ＰＥ］

$$Pt = \frac{gQHe}{1000}\ (PW) \Longrightarrow \frac{\rho . Q\ (HP)}{1000}\ (PW)$$

<凡例>
Pt＝ 水車発生動力（PW）
g ＝ 重力加速度（m/S^2）
He＝ 水車の有効落差（m）
ρ ＝ 密度（Kg/m^3）
Q ＝ 水流量（m^3/S）
HP＝ 水流勢力（$m.\alpha/S$）
（$m.\alpha$：水流加速度
m：質量
α：mv^2/距離（M)）

（注）$m.\alpha$を調整するには、用水路放流扉を調節する。

イ．連続発電所総合電力＝用水路電力（ＰＥＫＷ）の総合電力（各発電所は２基セット以上とする）

$$PE\ (\Sigma_1^n) = PE^1 + PE^2 + PE^3 + \cdots\cdots + PE^n$$

ウ．幅(W)2m・高さ(H)1m・水速(V)3m/s・αの水勢力＝6,000kgm/s・α

（詳細設計は別紙 ※2参照）

｛用水路式連続発電装置｝設計図概要（その１）

１．側面図（河川側）

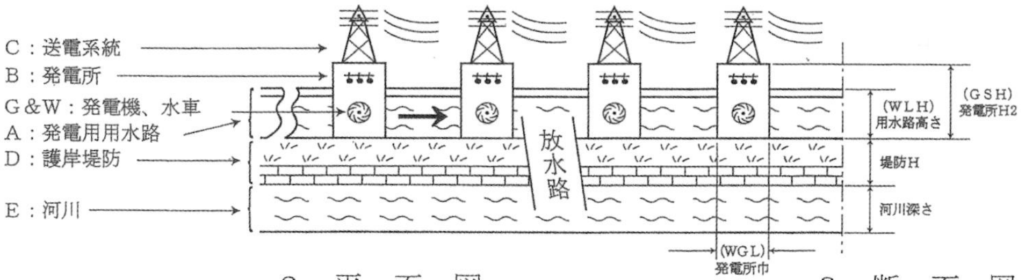

２．平　面　図

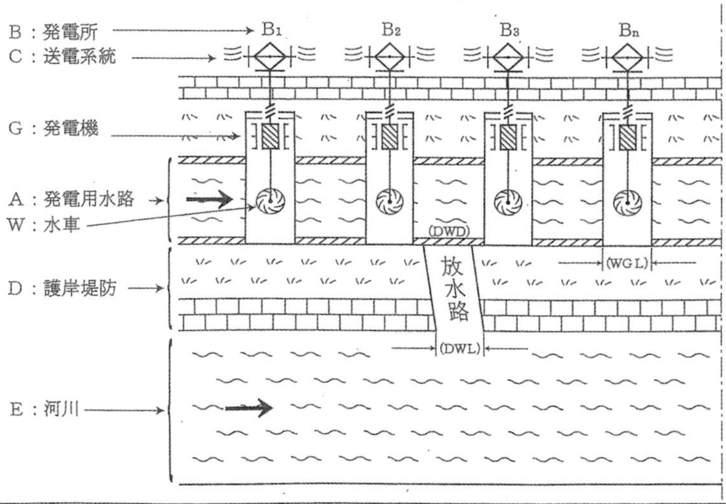

３．断　面　図

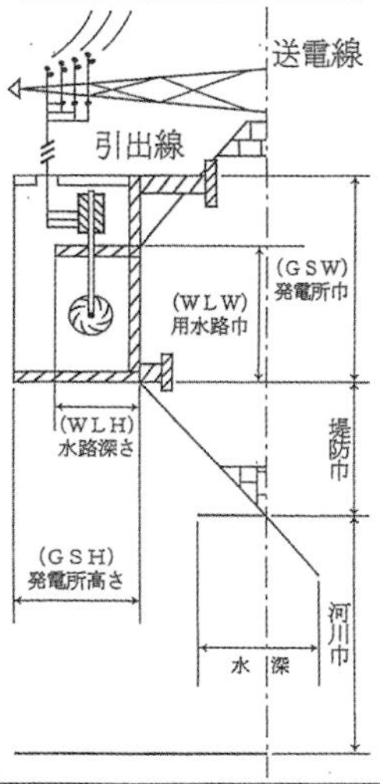

記事	凡例	送電線、鉄塔、送電用引出線　　A：発電用用水路　　B：発電所
		C：送電系統　D：護岸堤防　E：河川　G：発電機　W：水車
		G&W：発電機、水車　DWD：放水路
	（発　電）	GSH：発電所高さ（　　　）　GSW：発電所横巾（　　　）
	（水　路）	WLH：用水路高さ（　　　）　WLW：用水路巾　（
	（放水路）	DWL：放水路巾　（　　　）
		＊各発電所は、２基セット以上とする。（　）内は設計時に検討する。

(3

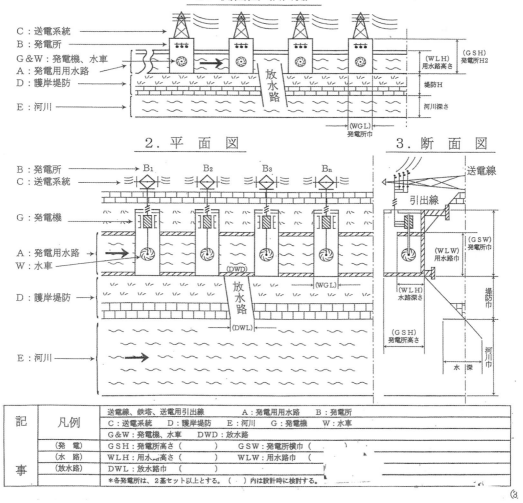

★メリット

長距離発電用用水路発電装置開発

[NEWGD]：自然エネルギー発電開発

発電及び飲料水運搬用水路の開発

NEWGDシンクタンクグループ会
会 長　後 関 始

1. 安全で永久に不滅な天然エネルギー
   原発や火力発電に匹敵する威力を発揮
2. 用水路発電装置（特許申請中）
   1水路で160万kw＞原発（80万kw/台）
   用水路水勢力は
   幅(W)=2m・高さ(H)=1m・水速(v)=3m/s・α＝6,000 kg m/s
3. 何処にも設置可能
   (1) 河川沿岸用水路発電　（常時使用可能）
   (2) 高架・地平式発電専用水路発電（　〃　）
   (3) 用水路用発電機3件発明（特許申請中）

メリット

1. 無尽蔵なる水力パワーを利用
2. 原子力発電に代わる電力パワーがある
3. 火力発電の原油欠乏及びエコ対策
4. CO_2エコ対策（水力発電はCO_2に無関係）
5. 連続設置可能 ＆ 総合電力発電可能
6. 河川堤防の護岸防壁効果となる
7. 市街地河川流域で容易に発電が可能
8. 河川洪水の場合でも用水路発電は稼働する
9. 用水路発電電力は、安定度が非常に高い
10. 用水路用専用発明発電装置使用
    新形式装置4件特許出願中
11. 発電後は水道水として活用する

山岳地区

ダム式高落差発電所
（ペルトン水車発電）

山里・平野地区

発電用水路発電
(1) 用水路用専用発電機
（特許申請中4件）
(2) 従来水車発電機
（カプラン、フランシス型
潮流用プロペラ水車）

市街地・平坦地区

(1) 用水路用専用発電機
（特許申請中4件）
(2) 従来水車発電機
（カプラン、フランシス型
潮流用プロペラ水車）

{会社の歩みー15}

※別紙1　**天然資源大電力発電開発特許各種**

NEWGD：用水路用発電機　特許各種

脱：原発・火力発・ガス発

発電用用水路新型発電機　NEWGD：自然エネルギー水力発電

⑴, 発電用専用用水路発電（本年＝特許1号出願）　平成23年3月23日

[勾配を有する筒枠内の水勢力は、高密度に加速増幅成長をして、津波的に強化進行する]

用水路の水勢力は1回毎使用後も同勢力にαの加速力を加えて、連続の拡張エネルギーとなって源動力を継続して進行する。

本理論を活用して「長距離用水路発電開発」を立案す。

発電用用水路発電々力を更に強力に増強するために下記等の用水路用新型発電機を活用する。

⑵, 全面受水回転型水車発電（本年＝特許2号出願）

（海洋発電にも活用可能）

回転軸を境として、A面側枠の押え金具とB面側枠の押え金具の向きを全く反対に取り付ける。前方から水勢力をA面が受ければ、このとき反対のB面は枠から外れて水勢力を受け流す事により回転力を発生させる仕組みである。

⑶, 用水路用篭型スクリュウジェット噴流式水車発電（本年＝特許3号出願）

（海洋発電にも活用可能）

プロペラ水車の円筒軸を長尺にして、この軸に長尺羽翼を斜めに接合する。

斜めの羽翼に水勢力を受けて軸を回転させるものである。ジェット型としても活用が大である。

羽翼が長い程回転力は増加する。用水路発電効率は非常に高い。

⑷, 大羽根下掛け式回転水車発電（本年＝特許4号出願）

発電用水路に最適のサイズのもので、真正面からの水流圧を大羽根翼が受けて回転力に変換する。回転軸より上部には水流が流入しないように、上部水流防止壁をもうける。

上部部分の水勢力が加算して水車回転力を強力にアップする。

詳細設計図は、事業開発後に発表とする

※別紙2　{用水路式連続発電装置}　設計図概要（その2）

2．設計図（例：下掛け水車発電）

＊　各発電所は、2基セット以上とする。

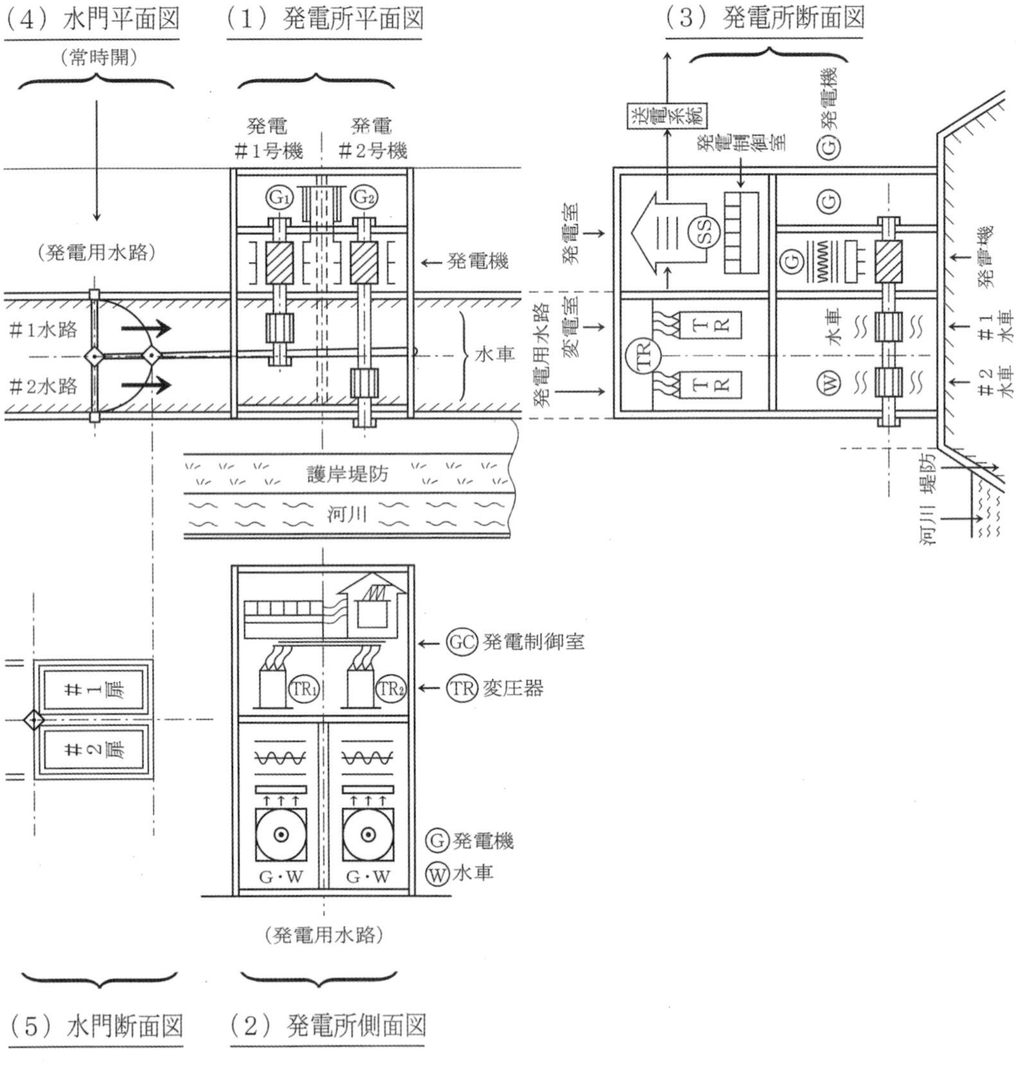

用水路発電機発明の根源

平成23年３月23日
船橋市本郷町686-1
後閑　始

2011年３月11日　法則を発見

［用水路・水流エネルギー不滅の法則］発見

用水路で稼働する水車は、用水路用水の増加により津波の原理で水流エネルギーを更に強化し永遠に持続稼働する。

本発見は実践的経験と、実験の成果によるものである。

用水路・水流エネルギー不滅の法則

１．用水路・水流エネルギー不滅の法則

第一法則　「用水路の水流エネルギーは永遠に不滅である」

用水路内を下方に向かって連続して流水する水流エネルギー勢力は強力にして永遠に不滅である。

㈵　用水路内に連続して流入した水勢力Ｍは、MV^2なる密度にて質量Ｑに変化し、後続流水と重畳した水勢力となって押し進み進行する

第二法則　「用水路の勾配の変化により水流エネルギーは増幅強化する」

用水路内の流水は、用水路の勾配θによって加速力$\alpha=MV^2\cdot\theta g/sec$に増幅されて、重畳強力水勢力エネルギーとなって用水路内を進行する。

第三法則　「用水路“用水増加”重畳エネルギーの法則」（水車稼働の法則）

水車稼働用水路では水位を水車高さの２倍以上の用水路高さに増水することにより、水勢力エネルギーは、重畳化を含み、水車稼働の抵抗に無関係に重畳され津波強化エネルギー勢力となって連続して下流に永遠として流動する。

２．用水路・水流エネルギー不滅の原理

⑴. 用水路内を溢水せずに流水する水流勢力は、鉄管等筒管内を流水する水勢力と全く同一であり、ここにエネルギー不滅の原理が成立する。

⑵. 鉄管筒等の場合の水勢力エネルギーは、曲線抵抗や管径太さ等によって水流エネルギーは著しく変化する。然るに「用水路水流」は、高さに無関係のため上記に関係なく、減衰減圧すること無く進行する。

⑶. 用水路に、定量の流水が連続して水流する場合は、緩勾配であっても津波のような高さに変化して連続して押し進む水勢力がエネルギーを持続して常に強力な流水勢力を継続する。

⑷. 水車を連続稼働する用水路では水車高さの２倍以上の水位を増加することにより用水路内の水勢力エネルギーは重畳化され永遠に不滅流動する。

⑸.「用水路水流エネルギー不滅」の公式

「用水路水流勢力（水車稼働原動力）」＝強力発電機の原動力となる

$$\text{水流勢力（水車原動力）}\quad \tau = \frac{Q\cdot MV^2\cdot\theta g/sec}{1000}\quad (kg)$$

3．第三法則「用水路用水増加重畳エネルギーの法則」の解説

一般の用水路では水車稼働により水勢力が弱まり下流の水車への水力の到達が遅れることが懸念されるかもしれないが、その対策として下記に増水による重畳エネルギーの法則の活用を記載する。

⑴. 対策

用水路中の水車高さの2倍以上の水位を流入した用水路とする

水圧のある下層部水流エネルギーは水車稼働力となる。これを「用水路第一次水勢力」という。

上層部は第一、第二法則によって下流に強力流動する。これを「用水路第二次水勢力」という。

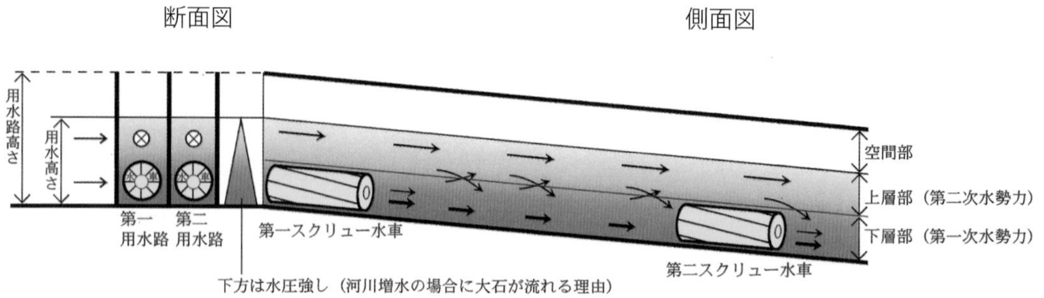

⑵. 効果

ア．水車より上部の水流第二次水勢力は、水車の上方を通過し水車稼働のタイムラグぶんを補強する。更に最上部の一部は次の水車の稼働水流エネルギーとなる。よって水車用水路の水勢力エネルギーは水車を稼働しつつ永遠の不滅の力となって流動する。

イ．水車にかかる水勢力エネルギー第一次水勢力は上部を通過する水重量により水圧が高くなり、水車の回転稼働力をアップして強力な回転力を生む。

更に第二次水勢力の補給により水車稼働力を継続する。底辺部が最大水勢力となる。洪水による河川の大石が下流まで流されるのはこの力である。津波が山までも押し上げる強力な勢力も同様である。

4．凡例

τ ＝水勢力（水車稼働原動力）　　Q＝水勢力質量　　M＝水路勾配流水量

V＝水流速度　　sec＝秒　　α ＝加速力

θ・g＝勾配による水流重力加速度　　θ ＝用水路の勾配

g＝重力加速度（秒・秒・cm・グラム重）　　MV^2＝水流重畳による加速度

用水路 ＝コの字型を上向きにした樋（トラフ）を長距離に施設した水路

Ⅷ　REIF-ふくしま：「福島復興研究発表会」参画資料の解説

※　1，講演概要説明＝①～⑥＝下記 {Ⅷ－1}～{Ⅷ－6} 関連

2，実験写真、設計図、等 {Ⅷ－1}～{Ⅷ－6}

★参　講演資料解説図　NO 3，{福島県復興研究発表会参画の講演資料}

2018年11月7、8日：REIFふくしま2018展示会参画

外国勢含む201社参画：講演20社筆頭講演に選抜されて、トップを切って講演発表す。

＊ {公演会場} ＊講演発表順に解説（1～6）

①　世界無比＊「リニア水力発電」＝今後不可欠の「温暖化防止対策」発電強力に説明す。

(1), 理論：発電用水路に、長翼水車発電機を多数直線的に連続配置して各発電電力を電気室にてコントロール制御の電力を多量に生産する。

(2), 現状の発電効果＝発電用水路に、1㎥の水量にて、300mで1,000kwを発電す。

(3), 現在、ダム落下式水力発電は、全面的に生産不可能である。(5,600万kw)

＊　2016年度から日本国内の水力発電の開発事業は完全に停止した。開発箇所が無くなったのです。は従来の水力発電量では、温暖化防止対策は全く出来ません。CO2発生の火力発電生産高は、日本電力の90%=3億KWです。燃料代も年間で￥6兆円も海外から輸入しているのです。

＊　世界無比なる有能な「リニア水力発電」を活動させて、温暖化現象を撃破すべき時期到来です。悲惨なるあの生き地獄の再来は避けなければなりません。

皆様に新開発「リニア水力発電開発」活躍のご協力を切にお願い申し上げます。

②　2013年12月：鉄製用水路にて「リニア水流連続発電」運転特性確認実験を実施した。

＊　実験施工許可承認：国交省、農林水産省

{上段写真図} 50mの鉄製用水路で手前に2m高台に2㎥の貯水槽を設計した。

＊　2m高さから20m先の地平線迄の勾配角度で水速度＝3m/secを算出した。

＊　用水路は20m先からは、平坦地平用水路として平坦用水路内水流勢カエネルギーが末端まで不変特性の連続発電の可能性を確認する。

A、鉄製用水路：幅＝350mm、高さ＝600mm、長さ＝50m、：

B、長翼水車：幅＝300mm、直径＝1m、バケット数＝12枚

C、交流発電機：1kiw×5台

(1), 場所：千葉県松戸市手賀沼東口　旧道路実験場

(2), 施行日：11～12月　5回、1回＝ {初日＝運搬組立、2日目＝実験、3日目解体運搬}

(3), 監察官＊電力専門家：電源開発OB会会長、東大教授、東京工大教授外技師等。

(4), 実験結果講評：運転特性＝各種の結果は良好。発電気＝1kw発電、外4基-＝同良好

＊　講評協議事項：用水路内の連続発電は未曾有の新開発発見だ。今後の大電力発電の開発に期待する。の好評を得た。

{下段＝設計図} A＝側面図、B＝断面図、C＝平面図：用水路＝並列用水路発電

＊　発電所の概要説明：用水路内の水車発電機電力を発電所のコントロール制御盤にて良質なる商用電力に変換する。電源切り替え装置で需要家用配電回路と東電売電用送電線回路に分離する。従って「リニア水力発電」では、停電は無い。無停電発電です。

③　**改良新型式「リニア水力発電」紹介写真図**

⑴，右下写真図＝利根川系取水：広瀬桃木用水路実証運転の参考資料に依り開発改良した５kw～10kw用水車発電機の写真図です。

⑵，右側１～４段写真図＝我孫子市手賀沼実験使用の鉄製用水路、発電機１kw４台連続発電実験の成功した発電機写真図です。

④　**「リニア水力発電装置」：投資効果　＊現在用＝５kw×２、　＊改良使用＝10kw×２**

⑴，現状用発電所＊投資効果：（５kw×２）×N=1,000kw（用水路長N100m発電）

Ａ：投資額＝27,200万円

Ｂ：生産高＝7,000万円／年

＊　投資効果：26％｛４年弱にて回収可能＝次年度から全額収入｝

⑵，新開発電力発電＊投資効果：（10kw×２）×N=2,000kw（用水路N100m）

Ａ：投資額＝32,000万円

Ｂ：生産高＝14,016万円／年

＊　投資効果：44％｛2,３年にて回収可能＝次年度から全額収入｝

＊　投資効果は非常に高く、100mの640kw工事の投資額¥32,000万円が３年目から全額収入となります。

＊　河川上流300m使用で1,000kwの発電で３年目から10億円が毎年回収可能です。

＃：リニア発電音頭　！の作詞に「＊　お金の有る奴アー俺んとこえ来い！」の一節をぶちこんで見ました。＊男ならやってみな！女でもやってみな！！

「お金」は活かして使いましょうよ！掛けた「お金」は倍にもなって戻って来るさ。「お金」を使わず寝せとけば、金庫のなかで「勿体無いな」と「お金」が泣くさ。泣くどころか地球は崩壊壊滅するのだ！

今や！世界人類老若男女爺ちゃん婆ちゃん子供までもが一丸となってやらなきゃ成らない焦眉の急無は＊「温暖化防止対策」＊です。無惨なるあの生き地獄なる地球壊滅崩壊の悪魔達が迫ってくる。

⑤　**「リニア水力発電」の＊メリット＊を納得して頂いてご協力のほどお願いします。**

⑴，河川上流600mで2,000kw発電して住戸600軒分の電力を生産します。而も使った水量は即時河川に辺水します。発電電力量は自由です。

⑵，発電用水路は、水門に依りて取水する為に河川とは別の用水路回線となる。

台風、洪水時には、水門閉鎖に依り電気設備を防護する。この場合の電力は東電PG社との潮流電力を使用する為に、停電は無い。

⑶，都道府県、市、町、村何れの河川にても容易に建設可能な発電機能である。

⑷，東電PG社との潮流契約等に依り電力融通が可能です。一般家庭えの電力配電や東電PG社えの売電営業が可能となる。

⑥　**｛ふくしま復興音頭｝：題名“お金の有るやつは　俺んとこえ来い！**

Ⅷ－1

＊　「リニア水流連続発電」福島復興研究発表会　出展　！

※　講演を纏めて「ふくしま復興音頭」を元気に歌って福島応援歌としてご披露した。！

REIF　リーフふくしま2018　世界無比

※　1，講演概要説明＝①～⑥＝下記

①　新開発発電「リニア水流連続発電」解説

「リニア水流連続発電」は、世界無比なる未曾有の水力発電です。(新時代の水力発電です。)

◆発電用用水路に「発電機をセットした長翼水車発電機」を多数直線的に連続配置する。各発生電力を集積して電気室にてコントロール制御し、良質的電気を送配電する。市町村毎に各所で容易に事業計画が可能です。

◆復興福島県支援に提供する「温暖化防止対策発電」です。対火力発電、対原子力発電の世界無比なる水力発電の提供です。

◆落差式大電力一ヶ所式から地方電力多様式に革命する。

◆「現在の水力発電」は、ダム＆湖水地等の高所から落下重力の水力エネルギーを電力に活用したもので、落差式水力発電と言う。世界一色である。

◆然るに日本は、既に水力発電開発地が零となり、日本では水力発電の進展建設は停止した。＄「発電の仕組み」：著者＝木船辰平先生による。今後は「リニア水流連続発電」が地球を護る水力発電となる様に奮闘する。

温暖化対策に発明した

※　REIF ふくしま 2018：世界含む 200 企業参画〔講演発表 13 社選抜筆頭講演推薦！〕

1，講演会場：福島県郡山市：ビッグパレットふくしま

2，發表講演：2018 年 11 月 7,8 日「リニア水力発電」筆頭講演＝社長　後閑始

3，下記の六項目＆発明発見、開発等字幕にて解説講演した。

4，特に「リニア水力発電」は温暖化防止対策発電開発であり今後は国際的不可欠な事業開発で有ることを、強調して説明した。

REIF　リーフふくしま2018　世界無比リニア水流連続発電 発表！　平成30年11月7日

原発、火力発電を無用化する温暖化対策発電開発

①　新開発発電「リニア水流連続発電」解説

「リニア水流連続発電」は、世界無比なる未曾有の水力発電です。(新時代の水力発電です。)

◆発電用用水路に「発電機をセットした長翼水車発電機」を多数直線的に連続配置する。各発生電力を集積して電気室にてコントロール制御し、良質的電気を送配電する。市町村毎に各所で容易に事業計画が可能です。

◆復興福島県支援に提供する「温暖化防止対策発電」です。対火力発電、対原子力発電の世界無比なる水力発電の提供です。

◆落差式大電力一ヶ所式から地方電力多様式に革命する。

◆「現在の水力発電」は、ダム＆湖水地等の高所から落下重力の水力エネルギーを電力に活用したもので、落差式水力発電と言う。世界一色である。

◆然るに日本は、既に水力発電開発地が零となり、日本では水力発電の進展建設は停止した。＄「発電の仕組み」：著者＝木船辰平先生による。今後は「リニア水流連続発電」が地球を護る水力発電となる様に奮闘する。

②　鉄槽用水路50m：連続発電成功

用水路連続発電第 3 回模擬実験　鉄槽用水路 50m：連続発電成功

リニア水力電成功

2013.12.12

リニア水流連続発電：設計図　＜並列運転方式＞

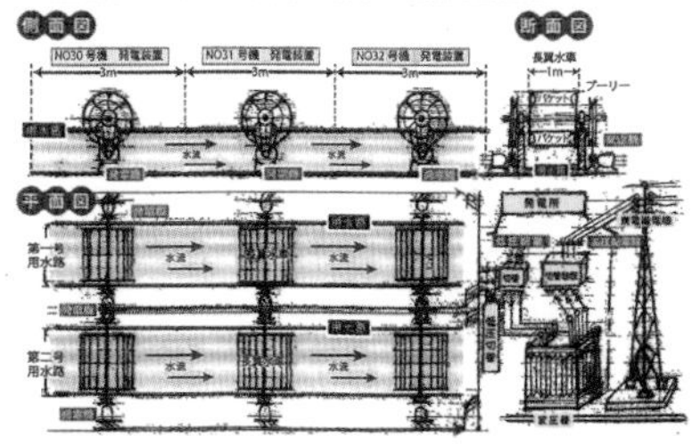
側面図
断面図
NO30 号機　発電装置
NO31 号機　発電装置
NO32 号機　発電装置
3m
長翼水車
1m
プーリー
水流
平面図
発電所
第一号
用水路
第二号
用水路

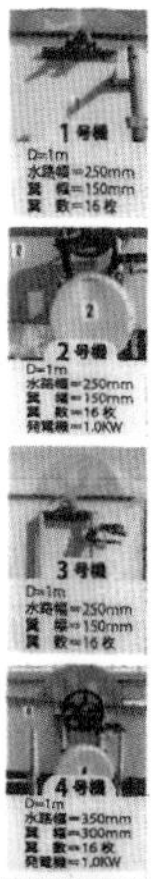
1号機
D=1m
水路幅＝250mm
翼　幅＝150mm
翼　数＝16枚
2号機
D=1m
水路幅＝250mm
翼　幅＝150mm
翼　数＝16枚
発電機＝1.0KW
3号機
D=1m
水路幅＝250mm
翼　幅＝150mm
翼　数＝16枚
4号機
D=1m
水路幅＝350mm
翼　幅＝300mm
翼　数＝16枚
発電機＝1.0KW

③　新型水車発電機実態写真

リニア水流連続発電

「用水路等に長列の水車発電装置を設置した水流連続発電」

◆河川、用水路等の「横流水流勢力エネルギー」(鉄砲水)を活用するもので、流路の延在方向に2～3mの間隔を置いて配置された複数の長翼水車がそれぞれ各発電機を駆動させて、大量の電力を生産する装置である。現在100mで320KW生産(利根川試験)

新型水車(D=1m)

用水路幅＝1.2m

羽翼幅＝1m

羽翼数10枚

発電機(両側)＝5KW×2

★展示会場内 D-4

リニア水流発電

5KW

④　投資効果：開発10KW×2 発電方式

投資効果：電力使用料金単価＝25 円 /KWH

用水路＝100m　長翼水車＝32 基　発電機＝64 基

投資効果：開発 10KW×2 発電方式

【1】投資額＝27,200 万円　（詳細右記）

【2】生産高＝14,016 万円／年

投資効果＝51%

2年弱で回収する。3年後から投資額が毎年収益化する。

現状の投資効果：5KW×2 発電方式

【1】投資額＝27,200 万円

【2】生産高＝ 7,008 万円／年

投資効果＝26%

4 年弱にて回収する。次年度から全額収入。

投資効果：開発 10KW×2 発電方式

【1】投資額＝27,200 万円

①用水路：100m＝2,000万円　④電気設備各等＝3,000万円

②水車数：32基＝6,400万円　⑤建設物等＝3,000万円

③発電機：64基＝12,800万円

【2】生産高＝14,016 万円／年

①10KWG：64基＝640KW

②年間生産量＝5,606,400KWH

③年間電力料金＝14,016万円

※電力料金単価＝25円/kwh

投資効果＝14,016÷27,200＝0.51　＝51%

投資額は 2 年間で回収する。

⑤　「リニア水流連続発電」のメリット

1　本発電装置は、河川等より発電用水路内に依る発電装置で300mで1,000KW強を発電して、使用後の水量は汚染すること無く元の河川等に返水出来る。

2　用水路の取水勢力は、水門により河川とは別々の水流回路となる。

3　200m～300m距離に1㎥弱の水量で1,000KW(330軒分)の発電が出来る。

4　市、町、村毎の発電開発が容易に可能である。何処にでも発電が出来る。

5　台風時や異常水災害時には、用水路の水門の閉塞に依り発電装置を防護する。

6　投資効果率が勝れている。
投資効果は、電力料金単価＝25円/kwhの計算で50%程度となる。2～3年で回収する。
その後は、投資額が年収となって回収出来る。

7　東電PG社電源と潮流結合回路とする。

7-1　東電に売電が可能となる。

7-2　東電異常時には、結合点開放にて無停電電源が可能である。(ブラックアウト防止)
※常に無停電電源回線であり、医療機関、OA機器会社等に不可欠な電力です。

7-3　「リニア水流連続発電」の作業時は、電源切替にて東電電源を活用する。

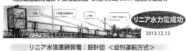

｛3｝ REIFふくしま2018　講演資料解説図 ｛5 KW～10KWリニア水力発電装置｝

※ 「利根川水系実証運転」に因って開発した「リニア水流連続発電装置」 ※

1，千葉県手賀沼実験場にて３ヶ月に亘り、用水路特性＆張翼水車機能等の実験は成功した。
鉄製用水路＝50m、流水量＝0,6㎥、水速度＝３m/sec、張翼水車機能：直径＝１m、
翼数＝14枚、発電機定格＝１kw，

⑴，用水路水流特性＝終始不変良好、発電機定格運転＝良好

2，群馬県利根川水系広瀬桃木用水路：発電機定格＝３～５kw：実証運転良好
実験資料に基づき、５kw~10kw 発電用張翼水車開発す。

3，開発：新型改良張翼水車は、下記写真図 ｛ふくしま復興講演会場出展品｝

※　新張翼水車：直径＝１m、横幅＝１～1.2m、翼数＝８～12枚、水速度＝５m/sec

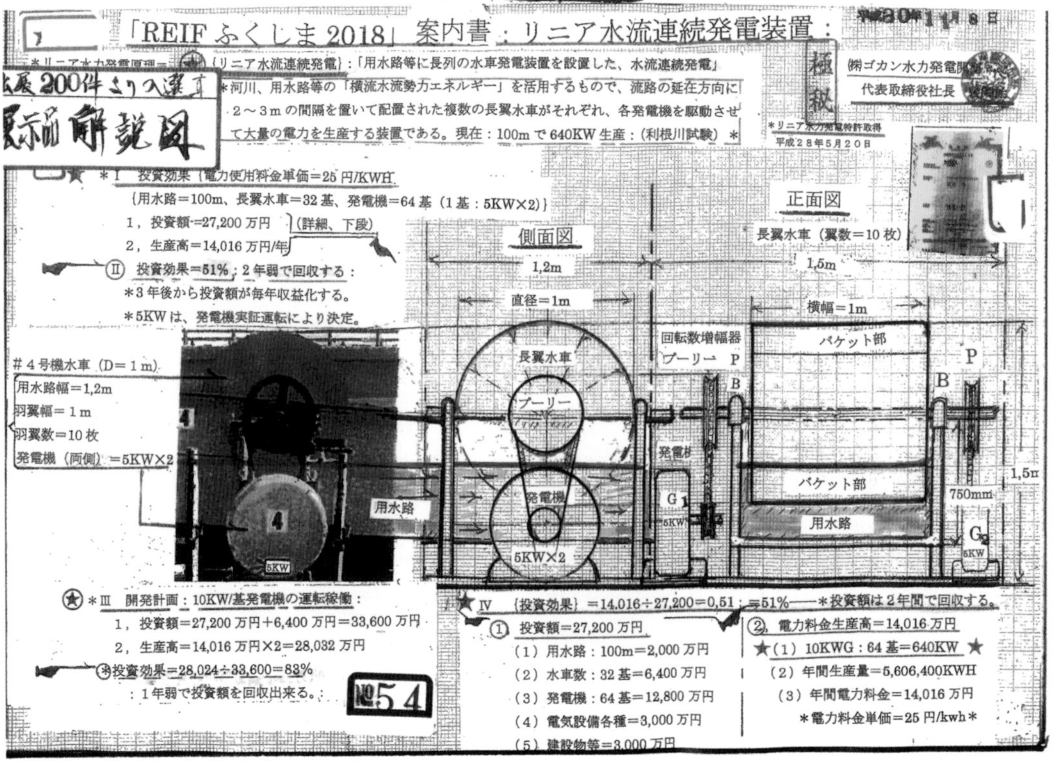
「REIF ふくしま 2018」案内書：リニア水流連続発電装置：

出展200件より入選す
展示品解説図

極秘

㈱ゴカン水力発電
代表取締役社長

＊リニア水力発電原理＝　｛リニア水流連続発電｝：「用水路等に長列の水車発電装置を設置した、水流連続発電」
＊河川、用水路等の「横流水流勢力エネルギー」を活用するもので、流路の延在方向に２～３mの間隔を置いて配置された複数の長翼水車がそれぞれ、各発電機を駆動させて大量の電力を生産する装置である。現在：100mで640KW生産：（利根川試験）＊

＊リニア水力発電特許取得
平成２８年５月２０日

★＊Ⅰ　投資効果｛電力使用料金単価＝25円/KWH
｛用水路＝100m、長翼水車＝32基、発電機＝64基（1基：5KW×2)｝
1，投資額＝27,200万円　（詳細、下段）
2，生産高＝14,016万円/年
Ⅱ　投資効果＝51%：2年弱で回収する：
＊3年後から投資額が毎年収益化する。
＊5KWは、発電機実証運転により決定。

★＊Ⅲ　開発計画：10KW/基発電機の運転稼働：
1，投資額＝27,200万円＋6,400万円＝33,600万円
2，生産高＝14,016万円×2＝28,032万円
＊投資効果＝28,024÷33,600＝83%
：1年弱で投資額を回収出来る。：

№54

★Ⅳ　｛投資効果｝＝14.016÷27,200＝0,51：≒51%――＊投資額は2年間で回収する。

① 投資額＝27,200万円
（1）用水路：100m＝2,000万円
（2）水車数：32基＝6,400万円
（3）発電機：64基＝12,800万円
（4）電気設備各種＝3,000万円
（5）建設物等＝3,000万円

② 電力料金生産高＝14,016万円
★（1）10KWG：64基＝640KW★
（2）年間生産量＝5,606,400KWH
（3）年間電力料金＝14,016万円
＊電力料金単価＝25円/kwh＊

REIFふくしま 「福島復興研究発表会」参画資料の解説

※　1，講演概要説明＝１～５＝下記

福島復興研究発表会

REIFふくしま2018：郡山ビッグパレットふくしま会場

＊　世界200企業参画　講演發表選抜20社　筆頭講演に推挙された。

1，11月７日10時30分：講演發表　結果は良好。

2，60社が賛同来訪し説明解説した。

3，当月中旬から、㈱南相馬メンテナンス会社、実践開始した。

4，翌年、2019年：現地決定、規格設計、仕様、計画書にて着工。

5，当年10月の台風豪雨に遭遇し、実践現場は撃破流出した。

※　写真図　上段写真図は、郡山ビッグパレットふくしま会　出展機器

写真図　中断、下段図は、㈱南相馬メンテナンスメンバー＆

「リニア水流連続発電」実証運転現場、測量図

南相馬「リニア水流連続発電」実証運転設計図

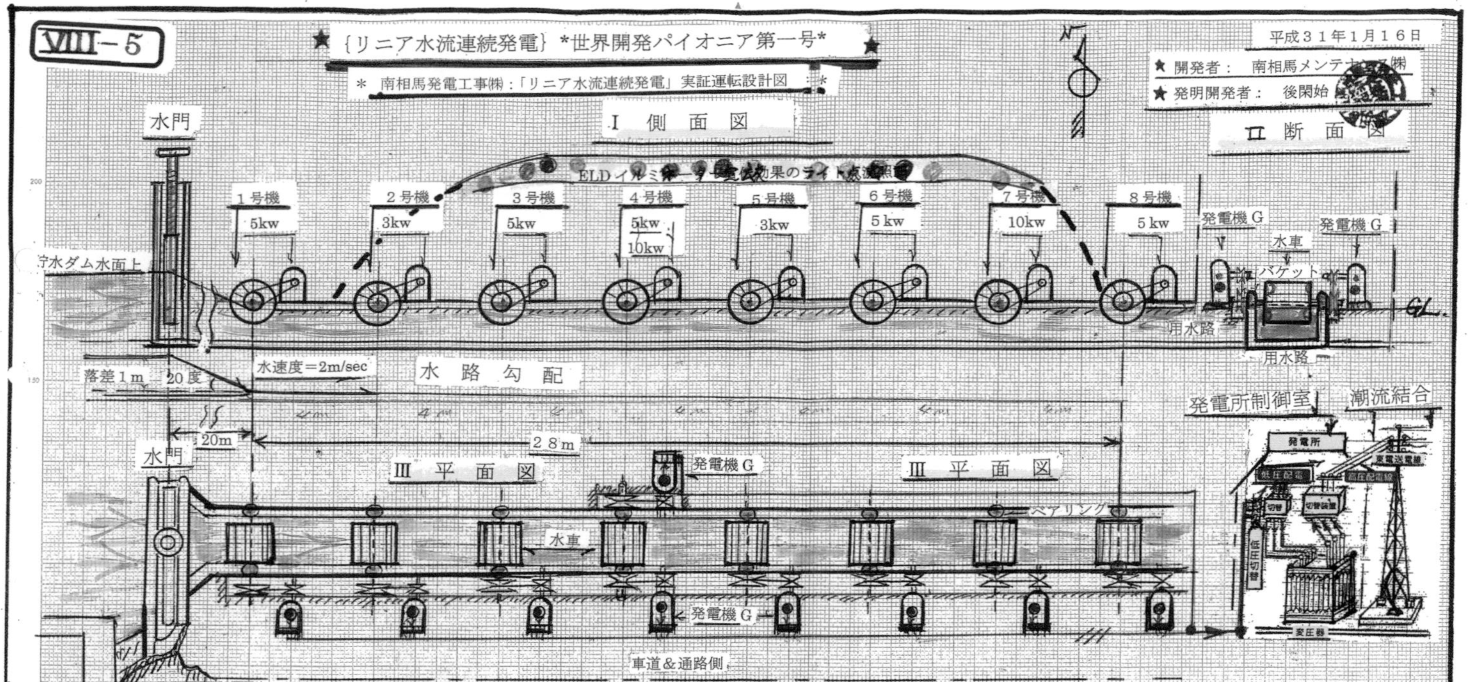

1 適用

1，水速度＝３m/sec～

（1），以下の場合は、水車直径の調整

（2），水車勾配２０m/２０度＝２m/secの水速度発生率

2，水深は700mmを確保する。

3，水車発生トルク＝750kg·m（発電機トルク＝250kg·m）

4，発電機定格回転数＝300RPM

5，水車回転数＝水速度3m/secにて60RPM

2 投資効果

① 投資額開発事業費＝4950万円

1，水車：８台＝1600万円，

2，発電機：９台＝1350万円

3，用水路＆建設物：1000万円

4，電気設備関連；1000万円

生産高＝1116,9万円

1，51kw

2、51×24×365＝446,760kwh

3,446760×25＝1116,9万円

② 営業用投資効果＝6160万円

1，水車：８台＝1600万円

2，発電機：16台＝2560万円

3，用水路＆建設物＝1000万円

4，電気設備関連＝1000万円

生産高＝3504万円

1，160kw

2，160×24×365＝1401600kwh

3，1401600×25＝3504万円

№56

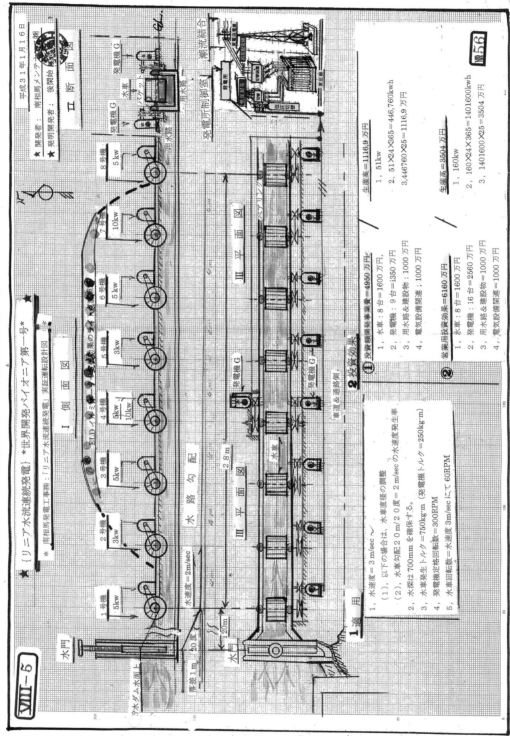

｛4｝新開発｛改良型10kw～20kw発電用張翼水車｝写真図開説：福島講演出展品：

※　写真図開設：翼数＝8～12枚、直径＝1～2m、プウリー＝×3、水速＝5m/sec

1図＝側面図、発電機増幅プウリー、水車内水切り孔
2図＝正面図、センターリング（バケッT補強材、）
3図＝水車鳥賑図、浸入水跳ね返し盤、バケット、水圧受けバケット
4図＝反対側面、
5図＝水車拡大図、跳ね返し盤（バケットの泡水を補強する、跳ね返し盤

※　今後の「リニア水流連続発電」営業運転が実施されれば、用水路100mで600kwの発電が可能となる。一般住戸200軒分の電力生産となる。
　1KMでは6000KW発電し、2,000軒の電力生産となる。
※　下記写真集は、「リニア水流連続発電装置」の張翼水車の各部機能の写真解説図です。
　発電機の：回転速度＝Rpm，回転力（トルク)=Kg－m（Nt－m）等の機能特性を左右するのが「長翼水車」の構造機能なのです。
　実験の結果：水車の直径、横幅、水圧受けバケット、羽翼数等に因り発電機の定格発電機能が決定するのです。
　初回実験（千葉県手賀沼実験場）で1基1～3kw，成功、第2～3回実験（群馬県利根川水系用水路実験）で3～5kw成功。第3回実験結果を解析して、10kw発電機として開発したのが下記長翼水車の構造機能写真集です。
※　今後、1基当たり、10kw～20kwの発電を計画中。

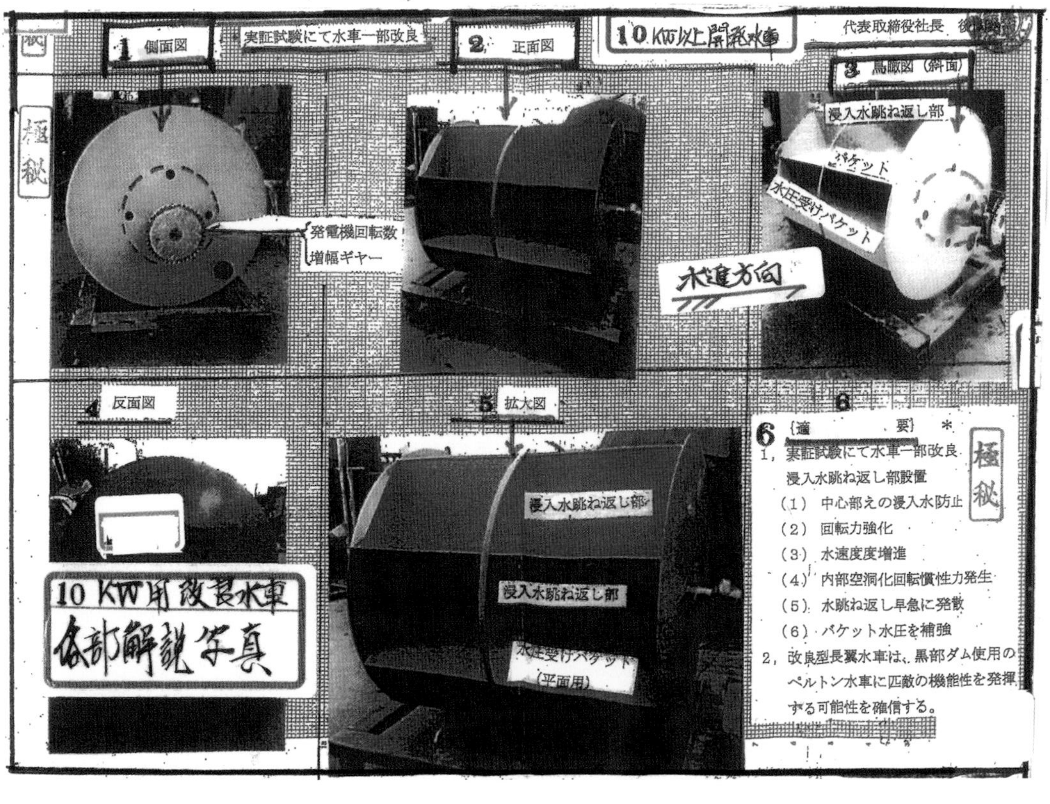

Ⅸ 霞ヶ浦湖清浄化＆湖畔干拓開発計画

「リニア水流連続発電」活用に因る霞ヶ浦湖等開発！

1．霞ケ浦湖現状と湖畔干拓開発計画

霞ヶ浦湖南部湖水地帯は、西方松山町－美浦村－東方稲敷市桜川町　一体の水面下は屁泥となり水質も酷く汚染された。ワカサギや鮒等の魚類は生息不可能の全滅の危機に晒されている。

又湖畔南部地帯一体は、地盤沈下で湖面零のハザード地区が数千ヘクタールにも及んでいる。

本干拓は、数十年計画で干拓開発は進められているが、関連住民の減少は少なくない。正に寂れゆく荒廃部落である。

※　掛かる現状に於いて、「リニア水流連続発電」が屁泥層湖水の水質清浄化開発の為に活躍することの期会が到来した。水道橋店㈱ITI会長からの要請である。

｛「リニア水流連続発電装置」の長翼水車機構は、１分間に180Tonの湖水を清浄化することが出来る機能に着目したのである。

2．湖畔干拓＆湖水清浄化開発計画

⑴　汚泥ハザード地区干拓開発　｛別途事業｝

⑵　反吐化汚染湖水の清浄化開発

⑴,　湖内数m内方先に、水面下約１m深さの位置に湖水吸い出し用水路設備を設置する。此の吸い出し用水路は堤防下を通過して汚染湖水清浄化用水路に接続する。汚染湖水用水路は、２ミル勾配の傾斜水路となって１km先の大規模な温泉プールに接続する。巨大プールの水深は１m～３mで中央部分に揚水装置を設置して、毎秒１m^3の水量を５m高さの貯水槽に揚水する。

※　揚水ポンプは、㈱ITI柳田会長の「バイオマス発電機」を使用する。

⑵,「リニア水流連続発電」機能設計

「リニア水流連続発電用水路」は、巨大プール上の貯水槽から１m^3の水量を１km先の霞ヶ浦湖に辺水する水路である。

此の用水路に水勢力約５m/secの水流で、30台の長翼水力発電機を稼働して発電量を生産すると共に水流を撹拌して水質を清浄化開発するものである。

発電機の回転力や回転数を定格発電させる為に水勢力を５m/secとする。

※　水勢力を強化する為の貯水槽設計は図面に因る。

A、タンク水深は水圧を増強する。

B、タンクから用水路距離は10mで貯水槽出水高さは２mであり、Tan30°となり発電機定格に要する水勢力５m/secが確保出来る。

3，巨大温泉プール遊園地設備を造園して、世界無比なる温暖化対策発電「リニア水流連続発電」の観光地として世界に邁進する町起こしが出来る。

3．霞ヶ浦湖水汚染開発メリット

1，霞ヶ浦悪水質汚染湖水が、発電用水路1kmに亘って長翼発電水車の攪拌によって毎分60㎥の水流勢力に因って清浄化が出来る。

2，1kmの清浄化用水路にて、5kwの水力発電機60台が発電し年間2,628千kwの電力を生産する。

＊　年間の電力生産額は65,700千円となる、但し（電力単価＝25円/kwh）

3，世界無比「リニア水流連続発電」は、世界に於いても考えられなかった。

＊「リニア水流連続発電」が、世界にて活用されれば原発、火力発電は不要となって憎き温暖化現象を撃破出来るのです。

4，霞ヶ浦湖畔に、世界無比温暖化対策発電「リニア水流連続発電」がピカパカ照明すれば、景勝地となって観光客が来訪する。

来年には、オリンピックの世界のお客が来訪する。

5，「リニア水流連続発電」用水路やプール周辺の遊園地には千本桜を植樹して、桜川地区の名に相応しい｛霞のさくら公園｝の名称で村起こしが出来る。

6，更に周辺は、干拓事業開発により若者集いて繁華な町が生まれるでしょう。

7，霞ヶ浦湖水も清浄化すれば、霞ヶ浦は蘇生して人も魚も集い来て楽園世界と成るでしょう。

4．霞ヶ浦湖水汚染浄化開発水力発電図

1，＊　開発水力発電＝「リニア水流連続発電」設計図　＊　別紙

⑴，上段図＝側面図：断面図＆貯水槽、発電所：側面図

⑵，下段図＝「リニア用水路水流連続発電」＆巨大プール等平面図

2，＊長翼水流水車発電装置：設計図＊　別紙

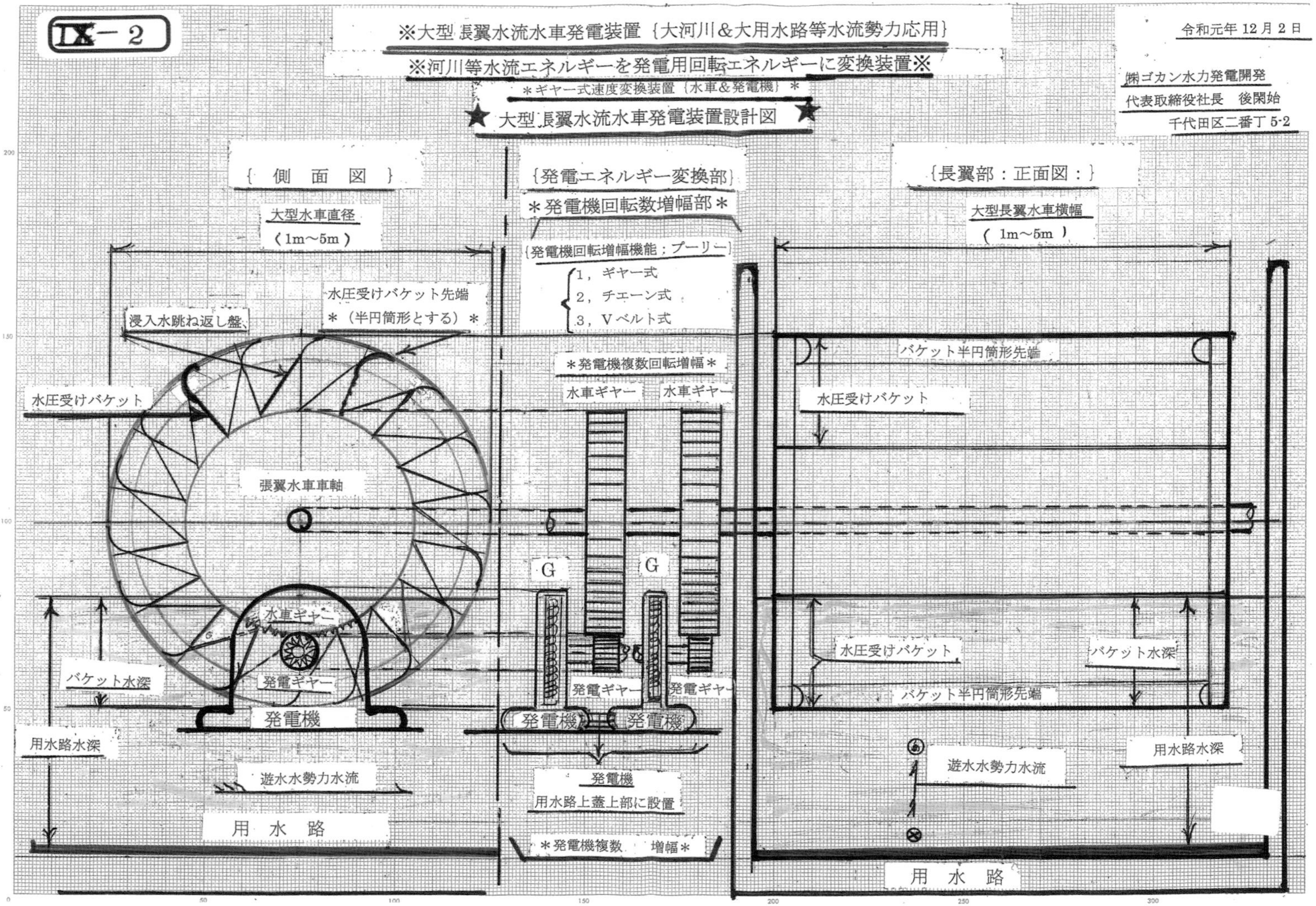
IX－2
※大型 長翼水流水車発電装置｛大河川＆大用水路等水流勢力応用｝
※河川等水流エネルギーを発電用回転エネルギーに変換装置※
＊ギヤー式速度変換装置｛水車＆発電機｝＊
★大型 長翼水流水車発電装置設計図★
令和元年12月2日
㈱ゴカン水力発電開発
代表取締役社長　後閑始
千代田区二番丁5-2
｛側面図｝
大型水車直径
（1m～5m）
水圧受けバケット先端
＊（半円筒形とする）＊
浸入水跳ね返し盤
水圧受けバケット
張翼水車車軸
水車ギヤー
発電ギヤー
発電機
バケット水深
用水路水深
遊水水勢力水流
用水路
｛発電エネルギー変換部｝
＊発電機回転数増幅部＊
｛発電機回転増幅機能：プーリー｝
1，ギヤー式
2，チエーン式
3，Vベルト式
＊発電機複数回転増幅＊
水車ギヤー
水車ギヤー
G
G
発電ギヤー
発電ギヤー
発電機
発電機
発電機
用水路上蓋上部に設置
＊発電機複数　増幅＊
｛長翼部：正面図：｝
大型長翼水車横幅
（1m～5m）
バケット半円筒形先端
水圧受けバケット
水圧受けバケット
バケット水深
バケット半円筒形先端
用水路水深
遊水水勢力水流
用水路

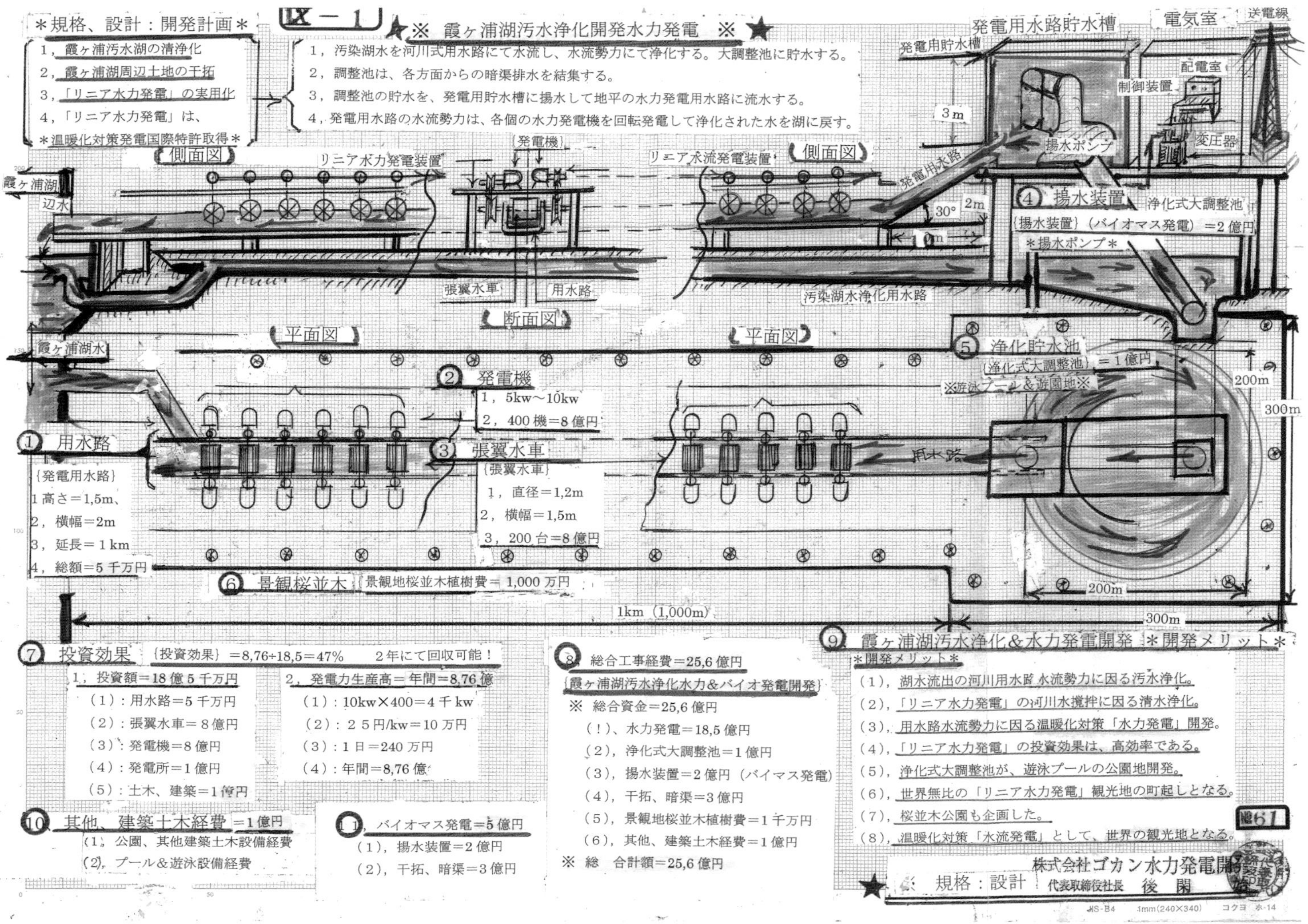
＊規格、設計：開発計画＊
1，霞ヶ浦汚水湖の清浄化
2，霞ヶ浦湖周辺土地の干拓
3，「リニア水力発電」の実用化
4，「リニア水力発電」は、
＊温暖化対策発電国際特許取得＊
IX－1
※ 霞ヶ浦湖汚水浄化開発水力発電 ※
1，汚染湖水を河川式用水路にて水流し、水流勢力にて浄化する。大調整池に貯水する。
2，調整池は、各方面からの暗渠排水を結集する。
3，調整池の貯水を、発電用貯水槽に揚水して地平の水力発電用水路に流水する。
4，発電用水路の水流勢力は、各個の水力発電機を回転発電して浄化された水を湖に戻す。
側面図
リニア水力発電装置
発電機
リニア水流発電装置
側面図
霞ヶ浦湖
辺水
張翼水車
用水路
断面図
汚染湖水浄化用水路
発電用水路
30°
2m
10m
発電用水路貯水槽
発電用貯水槽
3m
電気室
送電線
配電室
制御装置
変圧器
揚水ポンプ
④ 揚水装置
浄化式大調整池
{揚水装置}（バイオマス発電）＝2億円
＊揚水ポンプ＊
平面図
平面図
霞ヶ浦湖水
⑤ 浄化貯水池
{浄化式大調整池}＝1億円
※遊泳プール＆遊園地※
200m
300m
② 発電機
1，5kw～10kw
2，400機＝8億円
① 用水路
{発電用水路}
1 高さ＝1,5m、
2，横幅＝2m
3，延長＝1km
4，総額＝5千万円
③ 張翼水車
{張翼水車}
1，直径＝1,2m
2，横幅＝1,5m
3，200台＝8億円
用水路
⑥ 景観桜並木 {景観地桜並木植樹費＝1,000万円}
200m
1km（1,000m）
300m
⑦ 投資効果 {投資効果}＝8,76÷18,5＝47%　2年にて回収可能！
1，投資額＝18億5千万円
（1）：用水路＝5千万円
（2）：張翼水車＝8億円
（3）：発電機＝8億円
（4）：発電所＝1億円
（5）：土木、建築＝1億円
2，発電力生産高＝年間＝8,76億
（1）：10kw×400＝4千kw
（2）：25円/kw＝10万円
（3）：1日＝240万円
（4）：年間＝8,76億
⑧ 総合工事経費＝25,6億円
{霞ヶ浦湖汚水浄化水力＆バイオ発電開発}
※ 総合資金＝25,6億円
（1）、水力発電＝18,5億円
（2），浄化式大調整池＝1億円
（3），揚水装置＝2億円（バイマス発電）
（4），干拓、暗渠＝3億円
（5），景観地桜並木植樹費＝1千万円
（6），其他、建築土木経費＝1億円
※ 総 合計額＝25,6億円
⑨ 霞ヶ浦湖汚水浄化＆水力発電開発 ＊開発メリット＊
＊開発メリット＊
（1），湖水流出の河川用水路水流勢力に因る汚水浄化。
（2），「リニア水力発電」の河川水撹拌に因る清水浄化。
（3），用水路水流勢力に因る温暖化対策「水力発電」開発。
（4），「リニア水力発電」の投資効果は、高効率である。
（5），浄化式大調整池が、遊泳プールの公園地開発。
（6），世界無比の「リニア水力発電」観光地の町起しとなる。
（7），桜並木公園も企画した。
（8），温暖化対策「水流発電」として、世界の観光地となる。
⑩ 其他、建築土木経費＝1億円
（1），公園、其他建築土木設備経費
（2），プール＆遊泳設備経費
⑪ バイオマス発電＝5億円
（1），揚水装置＝2億円
（2），干拓、暗渠＝3億円
61
株式会社ゴカン水力発電開発
規格：設計 代表取締役社長 後 閑
JIS-B4 1mm（240×340） コクヨ ホ-14

Ⅹ 「用水路発電併合：防災堤防」強靭堤防の発明開発〔発電・堤防〕

令和２年２月18日　｛発電堤防｝として　特許出願す。

※　地球温暖化に因る異常気象変動は、膨大なる悪エネルギーと変幻して河川護岸に噛み付しいた。

1．改良型方強靭なる「発電用水路併合堤防」の発明と開発！

新紀元「天皇陛下即位宣言」の祝宴すべき令和元年にも拘わらず、無謀なる気象変動は物凄く地震、台風豪雨等末曾有なる勢力で日本全上を「生き地獄のどん底」に突き落として荒れ狂って来た。今の日本人全員は、地球崩壊の現実に慄いている。

私は数年前に発明開発した温暖化対策発電の「リニア水力発電」の実現化と、今回開発した「改良型発電用水路併合堤防」に因って強力なる護岸堤防を発明した「地球を崩壊する気象変動」を抑止する熱意に燃えた。生き地獄なる世界は再度寄せ付けない。

※　台風豪雨時に於ける：河川の「堤防氾濫決壊」の悪魔災害防止対策！

★　｛改良強靭型「リニア水力発電」併合護岸堤防｝：発明開発｝

令和紀元即位継承の折には、温暖化現象に依り荒れ狂う台風豪雨の生き地獄絵の地球現実にも拘わらず、東京の空一杯に鮮やかな大きな虹の架け橋で祝宴してくれた。

荒れ狂う気象現象は、10月15、19、21日と日本全土を生き地獄のどん底に巻き込こんだ。あちらでも、こちらでも助けて～の声が！胸をつきさす。強力な水飛沫が体に巻き込むなかで！悲劇が惨事が目の前で発生し見るも無残な光景に涙する。「手に強く捕まって」と言いながらも手はする一と抜けて行く幻影！。「パパー有難うございました」と言いながら浮きつ沈みつ流れて消えた。消えた人も悲しいが残った人は尚も悔しく悲しい。家は流され田畑は泥沼と化して何も無し。目を開けて見るも空しい無残な現実があちこちに散在して全く無残な生き地獄である。

「発電用水路堤防」

〈発明の根源〉：令和元年10月の台風豪雨に因る悲惨生き地獄なる事故を撲滅する。

2．河川の護岸堤防増強対策：｛新方式護岸堤防上水力発電発明開発｝一挙両得：

＊各種凡例＊

堤防上：用水路　高さ＝５ｍ、幅＝２ｍ、荷重＝５Ton、堤防上幅＝５ｍ～

堤防外面側壁＝コンクリート２重曹式（側溝用水路）　幅＝300mm～

更に氾濫溢水しても、発電用水路が水流を処理する。

＊　発電停止時は、取水口水門は閉鎖するので水路には水量は無い。

⑴，新方式改良型堤防特許申請　｛設計図｝次図参照

⑵，新方式改良型堤防概要説明

Ａ、河川両岸堤防上に、「リニア水流連続発電装置」を設置する。堤防は５ｍ高く増強となる。台風豪雨には堤防の氾濫決壊はさせ無い。

Ｂ、堤防上部に５tonの「用水路式水力発電装置」が荷重する為重量堤防となる。重量ダム式と同様の、強靭な重量堤防が建設されるのである。

C、堤防外側は、コンクリート２重側溝水路式側壁とする。{専用側溝水路設置}

D、水車発電気停止の場合は、用水路上部の水車軸上部迄の水車半径分の水量が下側用水路の放水口に放水する仕組みとする。

{増築５ｍ高さを氾濫溢水しても空洞化用水路にて流水する為住戸側溢水無し}

緊急時等「リニア水力発電」停止用の水流回路切替装置を、水門に設置する。

E、更に上部５ｍ用水路を氾濫溢水しても、外側側溝用水路溢水水流を流水する。

F、堤防上水力発電用水路を更に溢水しても、側溝用水路がこれを受水して排水する為に住戸地区には影響しない。

G、１ユニット毎に小型発電所を設置する。{１ユニット＝200m}

ａ、ユニット間の各発電機は用水路上にセットする。

ｂ、発電所の場所の発電機は発電所内にセットする。

(3), 堤防上「リニア水力発電」は堤防護岸増強と大電力発電共用を兼ねた設備となる。

河川堤防上部：「リニア水力発電」は「大電力発電」として活躍する。

A、100KM電力発電量（並列）＝100万kw＞原発発電量＝80万kw/台

＊　100Km河川堤防上の「リニア水力発電電力量」

B、一般河川（都道府県市町村の河川）１km使用の場合の各個別発電量

＊　２km電力発電量＝13千kw/１ヶ村当り：住戸4,300軒分の電力を生産す。

(4)　堤防上水力発電電力量

(1), 長距離用水路「リニア水力発電」は、１水路毎に100万kw級の発電可能。

発電用水路200mを１単位（ユニット）とする。

水量：１㎥水流で1,200kw発電可能

(2), 河川は両岸堤防上の為に、２倍の発電電力量となる。

100万kw × ２=200万kwの生産高となる。原発発電量の2,5倍となる。

(v)　大災害地獄世界の中での「令和元号即位儀式の令和天皇の御姿」は尊く新人神《あらひとがみ》に見えた。

＊天災豪雨が一瞬晴れて、空には鮮やかな虹の祝福が輝いた！＊

災害写真集＝次頁（PTO）

※　台風襲来何やあらん！　即位宣言！　虹が祝福！

日本列島を襲来した荒れ狂う気象状況が一変して、「測位宣言儀式」の寸前に御所上空が明るく耀やき七色の虹が「令和元年」を「虹の令輪」変身して祝福してくれた。

＊　令和の御代は明るく進め！　が如しです。＊

“荒れ狂う　台風襲来　躊躇わらず　測位宣言　虹が祝福　！

3．発電・堤防〔用水路発電：併合：防災堤防〕 設計図

※ 嵩上げ用水路高さ＝５ｍ ※

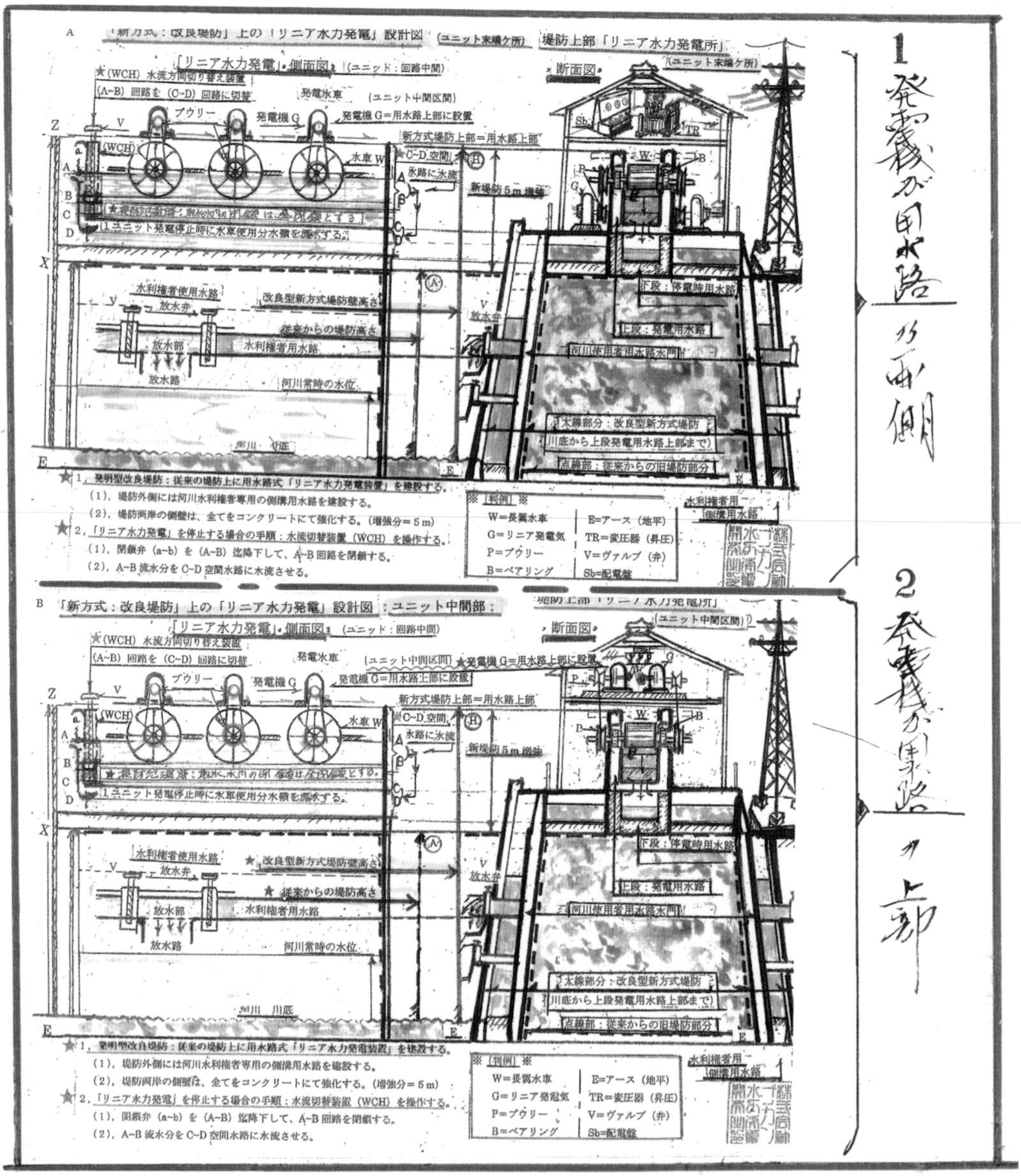

※｛ 凡例 ｝：堤防上用水路発電装置は、100m 毎に一単位（ユニット）とする。

1，１ユニット毎に発電所を設置して、発電電力を集中制御する。

2，各個々の発電機は、１ユニット毎に用水路の上部にセットする。

3，ユニット間の発電機は、水車両端にセットする。

4，下段用水路は、発電用水路の予備水路である。

Ⅺ 荒れ狂った温暖化の無惨な爪跡

真逆と思う真逆の悪魔が襲い来て、あの村この町呑み干して
一瞬の間に地獄の底に突き落として過ぎ去った。

＊　山崩れ　　家と家族は　　流れ逝き
　　　　　　　　　残れば地獄の　　鬼と闘争　！
＊　阪神災　　逃れ福島　　又　震災
　　　　　　　　　新築家屋が　　又々豪雨　！

令和元年９月〜10月台風15号、19号、21号は、連続台風豪雨の悪魔に変化身して日本全土を強襲し崩壊の渦に巻き込んだ。
地獄のどん底に放り込まれた人々は、今や恐ろしき現実の鬼等と闘いながら生死の境を駆けずり回った。

生命就きて死するもあれば、不運にて障害受けて動けぬも有り。

残りし人は、地獄の世界で奮闘続く。
逝きし家族や知人を想い悲しむ中で、食うや食わずの永き生活に心身共に疲れ果てたるこの世界。助ける前に己れが倒れる。

されど発明した「リニア水流連続発電」を活動させで憎き温暖化現象を撃退せねばならない使命が心の底で喚いているのが俺なのだ。

※　忌まわしくも憎き温暖化現象の傷跡の写真集をご披露します。

1．台風豪雨何のその！即位宣言！虹が祝福！！

日本全土が荒野の墓場と化した。残りし人々地獄の底を彷徨った。

※　令和元年10月22日＊｛新　天皇陛下即位宣言の日｝！
令和天皇測位の儀式は、台風豪雨21号強襲のさなかに平然として進まれた。

※　令和天皇の詔勅のお言葉が、誰の心にも強く響いた事でしょう。
「天皇は日本国の象徴であることを深く心して、国民に寄り添って日本国一体となって世界の平和に進みましょう」とのお言葉でした。

徳仁今上天皇のお姿は、「国民に寄り添って国難に対して共に生き抜きましょう」との意気込みにには、「誠なる現人神」となって心に通じました。

夕刻になって、あの凄まじかった台風豪雨も治まって球場の空に見事な虹が現れて恰も「即位の儀式」を祝うが如きにかがやいた。更に感慨深く感ずるものが有った。
安倍総理大臣も、国民を代表して、今上天皇即位の儀式を祝福されました。

今上天皇即位の宣言に呼応して、国を護る空砲の儀式も球場の空高く報砲音が響いた。

※　荒れ狂った温暖化現象地獄絵の写真集　！
令和元年台風豪雨が日本全士が強襲された無惨な爪痕の写真です。

＊　流れ行く二階の屋根から「助けてくれー！」の救援の叫び声には、心が引き裂かれる思いはすれど地団駄踏んでもどうにも成らぬ。身内の者の悲しみや如何ん！
残りし家族は更に悲劇が、地獄の底で永々続く。偈に恐ろしき事実なり。

1, ｛写真第Ｉ図｝　台風豪雨何のその！即位宣言！虹が祝福！！

令和吉日王
御光輝やく
けいめ

1　14版　2019年(令和元年)10月23日(水)　朝日新聞

天皇陛下 即位を宣言

「世界の平和願い、国民に寄り添う」

「即位礼正殿の儀」

令和元年 10 月 22 日・天皇陛下におかれましては宮中の賢所で、即位礼正殿の儀が行われました。

「天皇は日本國の象徴として世界の平和を願い国民に寄り添って、日本國一体となって世界の安寧のつとめを果たす。」とお覚悟を誓われた。

＊誠に大きな御心を感じた。

＊台風・豪雨何のその！力強き「即位礼正殿の儀」が敢然として勧められた。

宮城天空に大きく見事な虹が出現して、祝福した。！

台風の襲来吉兆
即位乃儀

令和天皇測位の儀式

：｛令和天皇陛下詔勅のお言葉｝：

令和天皇：即位の儀式：

即位《そくい》礼正殿《れいせいでん》の儀《ぎ》
ここに「即位礼正殿の儀」を行い
即位を内外に宣明いたします

＊安倍総理大臣も

国民を代表して「即位礼正殿の儀」に参列して即位の儀式を祝福されました。

＊｛お言葉｝＊

「国民に寄り添って日本國一体となって世界の平和に進みましょう！」。

心強き有り難いお言葉を戴きました。

安倍総理：祝福の儀：

即位《そくい》礼正殿《れいせいでん》の儀《ぎ》
謹んで申し上げます 天皇陛下におかれましては
本日ここにめでたく「即位礼正殿の儀」を挙行され

＊宮中の賢所に祝いの砲声鳴り響く！

即位礼正の空砲が輝く虹の空に高々と鳴り響いた。

：空砲の儀式：

即位《そくい》礼正殿《れいせいでん》の儀《ぎ》

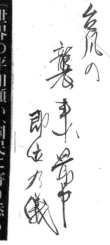

2．台風豪雨の爪痕と温暖化撃破の我が闘争！

台風豪雨温暖化を撃破する：我が発明の「リニア水力発電装置」活用：国際化

(1)「リニア水力発電」の全面的活動〔一道一都二府43県稼働計画〕

(2)「リニア水力発電」を国家体系事業として、堂々たる「温暖化奉仕対策発電」として＊地球壊滅崩壊＊を阻止する。

(3)「温暖化防止対策」の為に｛地球崩壊の日｝を著作出版して、人々の関心を買う。

(4) 都道府県を巡業して、「リニア水力発電」に依る「温暖化防止対策」を訴える。

★台風豪雨温暖化を撃破する：我が発明の「リニア水力発電」！

3．台風豪雨19号の爪痕（九州：５号台風：令和２年５月）

＊｛線状降水帯｝の発生！＊

温暖化に因る「赤道直下熱帯地区海水温度」が温帯海水域迄拡大されて、海水蒸気流道が大きく変化し「線状降水帯」を発生するに至った。（九州：５号台風：令和２年５月）

日本全土が崖崩れ氾濫等の生地獄に晒された。

＊長野県新幹線基地も濁流に埋没した。

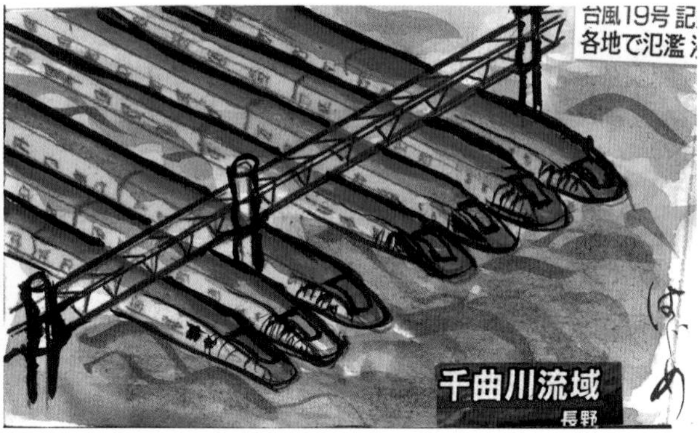

(1) 地球が壊滅崩壊の日！　＊崩壊の有無決定は今後の人類の努力が決定する。＊

“嗚呼地球　炭酸ガス（CO2）に　囲まれて　見るも無惨な　生地獄と化す！”！！

＊　何十億年もの歳月を経て育った美しき青き我等楽園世界の地球が、僅か100年後に「温暖化現象」に因って＊壊滅崩壊する＊　の情報に震え慄き戦慄を覚えた。

「そんなことが有ってたまるか！」と言って息巻いてみても、所詮儚い犬の遠吠えに過ぎない。既に地球は最悪条件の、気象現象に悩まされ大打撃を蒙りつつ有る。

現実的に　2011年３月11日の東北大震災に於ける世界最大なる原発事故を含む大災害を始め、今や日本国土全地域が台風、豪雨、大地震等の泥流、膨大な風雨や長期間停電（ブラックアウト現象）に見まわれ、特にそれが激化し生地獄が再来して来た現実である。

最近＊　北海道地区、九州地区特に関東圏内の千葉地区は未曽有の危機大災害を蒙った。

＊　令話元年10月」15,19号の台風豪雨にて、日本全土が生地獄と化した。

★※＊｛然し：こんな事で負けてたまるか！次の２案を提供して地球を蘇生し救済する｝＊※

①、「リニア水力発電」は｛温暖化防止対策発電｝で又無停電機能を有している。

②、河川の「堤防氾濫決壊防止対策」を発明し、地球蘇生救済の特許申請中です。

4．台風豪雨の爪痕と温暖化撃破の我が闘争！

台風豪雨温暖化を撃破する：我が発明の「リニア水力発電装置」！

(1)「リニア水力発電」実践運転者を応募して実績証拠築き上げる。

(2)「リニア水力発電」を国家体系事業として、堂々たる「温暖化防止対策発電」として＊地球壊滅崩壊＊を阻止する。

(3)「温暖化防止対策」の為に｛地球崩壊の日｝を著作出版して、人々の関心を買う。

(4) 都道府県を巡業して、「リニア水力発電」に依る「温暖化防止対策」を訴える。

令和元年　10月　台風15号19号21号の爪跡　写真集

A　神奈川　箱根鉄道

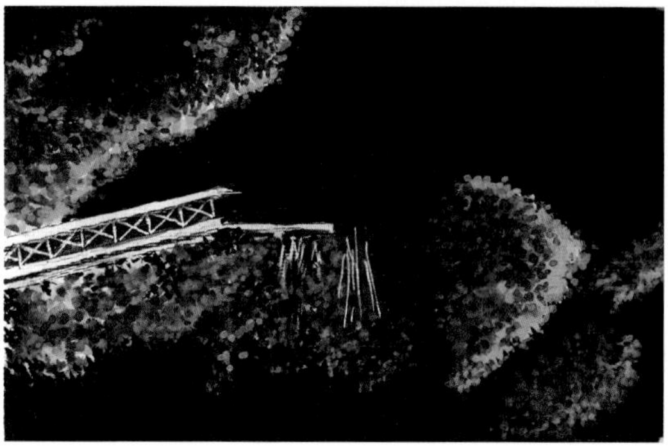

H　長野　千曲川氾濫

I　千曲川

J　福島　阿武隈川

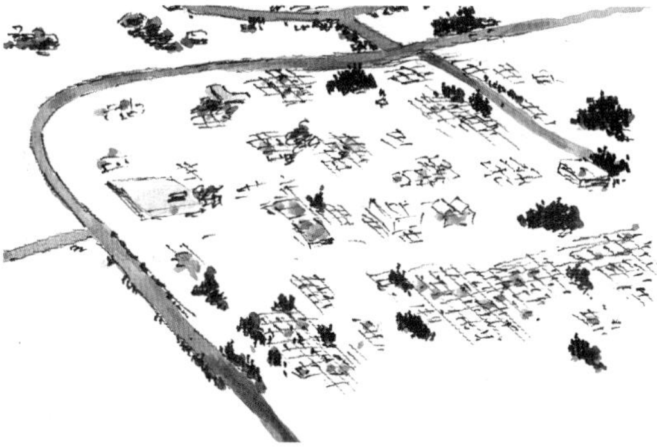

K　茨城　利根川の氾濫スーパー

L　避難者万席

5. 台風豪雨19号の爪痕

群馬県　富岡市　土砂崩壊

長野県　被災者　救出

⑴　地球が壊滅崩壊の日！　＊崩壊の有無決定は今後の人類の努力が決定する。＊

“嗚呼地球　炭酸ガス（CO2）に　囲まれて　見るも無惨な　生地獄と化す！”！！

＊　何十億年もの歳月を経て育った美しき青き我等楽園世界の地球が、僅か100年後に「温暖化現象」に因って＊壊滅崩壊する＊　の情報に震え慄き戦慄を覚えた。

「そんなことが有ってたまるか！」と言って息巻いてみても、所詮僂い犬の遠吠えに過ぎない。既に地球は最悪条件の、気象現象に悩まされ大打撃を蒙りつつ有る。

現実的に　2011年３月11日の東北大震災に於ける世界最大なる原発事故を含む大災害を始め、日本国土全地域が台風、豪雨、大地震等の泥流、膨大な風雨や長期間停電（ブラックアウト現象）に見まわれ、特にそれが激化し生地獄が再来して来た現実である。

最近＊　北海道地区、九州地区特に関東圏内の千葉地区は未曽有の危機大災害を蒙った。

＊　令話元年10月」15,19号の台風豪雨にて、日本全土が生地獄と化した。

★※＊ ｛然し：こんな事で負けてたまるか！次の２案を提供して地球を蘇生し救済する｝ ＊※

①、「リニア水力発電」は ｛温暖化防止対策発電｝ で又無停電機能を有している。

②、河川の「堤防氾濫決壊防止対策」を発明し、地球蘇生救済の特許申請中です。

6.「地球温暖化防止対策」：フランス、パリ協定COP24が世界議案にて検討対策

＊　地球の現状宣言：地球は「温暖化現象現状継続の場合」は100年後に崩壊する」

7．日本全土が、生き地獄なる実態絵巻爪跡の写真

※　各河川で堤防氾濫！　決壊続出！　見渡す限りが飛散な生き地獄の世！

全国的災害発表

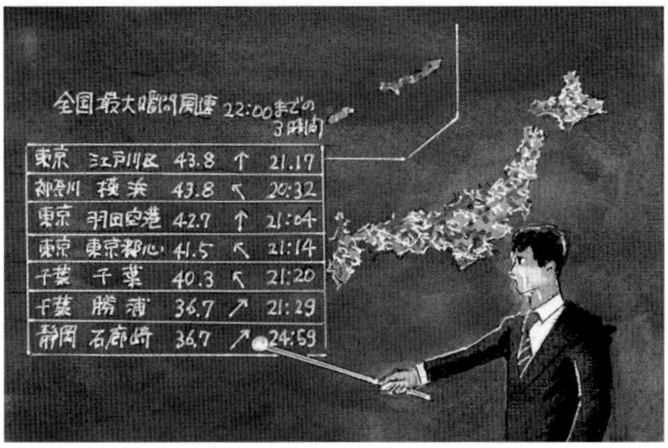

千曲川流域堤防決壊

相模川上流城山ダム決壊

福島県南相馬地区

栃木県　秋山川橋梁破壊

多摩川氾濫！

市原市災害状況！

急激な濁流に多数室内に監禁！

箱根山崖崩れ

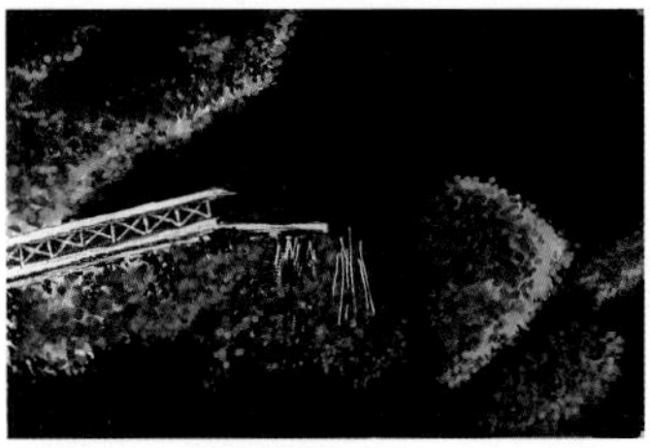

千曲川堤防決壊

岩手県河川堤防決壊

温暖化現象憎し！

長野県河川堤防決壊

千葉県河川氾濫　｛21ケ所｝

助けてクレ～
2階から救援の叫び声！

後　篇　水流力学
各種理論・原理・法則を発見発明

※「リニア水力発電」が

「リニア水流連続発電」開発が、「温暖化現象」を撃破する。

★＊　｛後篇｝は温暖化撃破「リニア水力発電」原理理論根源の解説！

§今回の発明論文＝｛水流力学｝：水流エネルギー原理・理論・法則：の発見発明

※「アインシュタイン博士・エジソン・ニュートン・ガリレオ、等世界の発明家や大学研究室からの論文発表は未曾有の原理・法則で有る。」

Ⅰ、「河川等の膨大なる水流エネルギー」の発見

因みに奥利根川｛幅＝30m、水深＝２m、水速度＝３m/sec｝

＊1,000mの水流エネルギー発電量＝180万kw＝2,25原発（原発２基以上）

｛「リニア水流連続発電」は、此の水流エネルギーを活用するのです。｝

Ⅱ、狭小河川・用水路等の横流水流エネルギーの原理・法則の発見解説

Ⅲ、液体の「落下と流れ」の原理・理論・法則の発見解説

「液体の落下と流れの限界角度はラジアン弧度法の45度である。」

Ⅳ、発電用水路勾配に於ける水流エネルギーの法則

Ⅴ、液体の流動エネルギー特性の各種原理・理論・法則の発見　解説

Ⅵ、「リニア水流連続発電装置」設計図＆解説

山岳地区＝発電用：用水路発電化

ダム式高落差発電所＝不要

（ペルトン水車発電）

山里・平野地区

発電用水路発電化

⑴　用水路用専用発電

（特許申請中４件）

⑵　従来水車発電機＝不要

（カプラン、フランス潮流用プロペラ）

市街地・平坦地区

⑴　用水路用専用発電化

（特許申請中４件）

⑵　従来水車発電機＝不要

（カプラン、フランス潮流用プロペラ）

（原理理論乃解説）｛後篇｝　＊

「リニア水流連続発電」開発が、「温暖化現象」を撃破した。

（まえがき）温暖化対策発電
「リニア水力発電」発明闘争記！

後編は、「ニリア水流連続発電」発明の根源成る各種の｛原理、理論、発見、開発｝世界に未公開未発表の新学説論文の提供です。

＊　論文公開発表は、私の課題として更に前向きに奮迅する覚悟です。

Ⅰ「膨大なる河川等水流エネルギー」の発見解析

＊　発明の根源は、世界未開発の「水流哲学の原理、理論発見解析開発に有る。！

＊　温暖化現象撃破の根源は、新発明「リニア水流連続発電」の開発に因る。＊

Ⅰ－1　河川の膨大なる水流エネルギー量流出の発明の原理

1，理論：用水路等の水流勢力は、流水量の水深高さに比例する。

2，台風豪雨時に於ける山岳渓谷地帯の峡谷河川は、水深が数倍に増水する。山岳にて崩壊した数トンの岩石が軽々と村里の川端迄押し流されて来るのです。

3，例えば、増水して水深が数倍に高まれば水流勢力は数十倍に強力化して流れ走る。河川に転落した岩石は水質重量と水性力の重畳に因って軽々と琉石する。

3mの水深で2m幅の河川で、水速度3m/secで18Tonの岩石が流れ走るのです。

Ⅱ 狭小河川等横流水流エネルギーの原理、理論発明

Ⅱ－｛Ⅰ｝：用水路内の水流勢力不滅の法則：｛用水路の水流勢力は、障害物抵抗水深の倍増の遊水量に依り永遠に不滅となる。｝

1，理論：勾配を有する用水路等の水流勢力エネルギーは、永遠に継続する。

｛根源｝傾斜角を有する直線的用水路内に連続の流水水流勢力は、永遠に不滅である。（若干の曲線抵抗を除く）

⑴，傾斜角度（用水路勾配）が増加すると、水流加速度が強化し水流エネルギーが増加する。

⑵，用水路の水流水量は、水深高さに比例した水勢力エネルギーとなる。

⑶，「リニア水流連続発電装置」等の水流障害抵抗物がある場合は、障害物の2倍以上の水量を増水する。水車の場合は、水圧受けバケットの2倍を増水する。

2，「リニア水流連続発電装置」発明：上記根源を研究、実験等に依り開発発明した。

＊　国際特許取得＝2018年11月30日　名称「リニア水力発電装置」

Ⅲ　液体の「落下と流れ」の原理理論を発見解析

Ⅲ－｛Ⅰ｝：液体の「落下と流れの境界点」原理：｛液体の「流れと落下の境界点」は、タンジェント90度に対するラジアン角度に因って定まる。｝

＊　Rad45度/Tan90度＝45度（45度以上は落下）

※　液体は、地平角度tan45度以上は落下となり、地平角度tan45度以下は流体となる。

「落下と流れ」の限界理論の解析発明｛第Ⅲ図－1｝

※　水体の特性に因る各種の事象

1．理論　水の特性に因る各種事象の発見

(1),　水流は膨大なる水流勢力を持ちながら、海洋に流れ去る。

(2),　台風豪雨時等水量増加し水深が高まれば莫大なるエネルギーに変化する。

(3),　現在の水力発電は、水重量落下エネルギーの活用である。

(4),　水の落下には、景観観賞として各種の滝が有る。

A、日本の滝三名所　那智の滝、華厳の滝、袋田に滝

B、世界の滝　ナイアガラの滝　等

＊　滝＝英語でWater,Fall＝「水が落ちる」と言う。

C、袋田に滝は、高さ＝120M，滝幅＝73m、にて四段階の岸壁を流れ落ちている滝です。流れる場所と落ちる箇所を総称して滝と言ってます。

D、流れる場所と落ちる箇所の岸壁の水平角度の境界角度は何度か。！

2，液体の「落下と流れ」の限界理論発見　｛第Ⅲ図参照｝

＊　水が流水することと、水が落下することの境界限界角度の水平角度は何度であるかの理論の解析　＊

(1),　tangent角度とRadian法角度に因る算出理論

｛落・流｝限界角度α＝＊tannN度/rad90度　｛四捨五入｝値で決定する。

落下＝　$\alpha>0,5$　tan0,5を超えて～1,0は落下と成る。

流れ＝　$\alpha<0,5$　tan0,5以下は流れとなる。

A、＝勾配角度45°÷90°=0,5　：　流れ

B、＝勾配角度50°÷90°=0,56　：　落下

A、＝用水路満杯の水量を連続に流水しても、溢水することは無い。

B、＝取水口で満杯の水量を流水すると、角度に比例して溢水する。

3，｛判定｝限界角度　45°以下の場合は：α＝0,5以下と成り「流れ」る。

限界角度　50°を超えた場合は、：角度に比例して溢水する。

4，実験結果：我孫子市手賀沼実験場にて溢水状態を確認済。

5，中学物理の滑りの摩擦の実験で、個体の摩擦限度の学習をした。｛参考｝

＊　45度が摩擦最大の限界で、それ以上では　重錘は吊しの状態になった。

Ⅳ　用水路勾配に於ける水流速度の法則

Ⅳ－｛Ⅰ｝：流水勾配に対する水流勢力：定理｛勾配に対する水流勢力は、「Rad角度」に比例する｝

〔法則〕用水路勾配内の水流速度は、用水路地平角度のtan角度と、用水路水流エネルギーのラジアン係数関数値に因る。

流水用水路の「角度に対する水流速度」の算出理論発見

＊　用水路勾配に於ける水流速度の算出法。

＊用水路勾配に於ける水流速度を算出する。＊

発電所の水圧管最下位部の水流噴射部の水速度を算出して、水圧管高さのラジアン係数に因るtangent角度相関関数値が水流速度と成る。

1，物質の運動の方程式から水速度を算出する。

$ME = 1/2 \cdot MV2$　　$V=\sqrt{2\times 9{,}8\times Q\times H}$　m/sec

2，此の速度に対する水圧管のラジアン係数相関数値が用水路勾配水速度である。

詳細解説は、｛第Ⅳ図－NO 1～NO 3｝に因る。

3，算出例：NO Ⅰ図に因って斜面勾配による水速度を求める。

(1)，垂直落下地点の水速度を知る。

(2)，$ME = 1/2\,MV2$ ―― $V=\sqrt{2\times 9{,}8\times Q\times H}$　m/sec

(3)，用水路水圧管高さをtan×rad函数に相関させる。

Ⅴ　液体の流動エネルギー特性の原理、各種理論発見解説

＊「リニア水流連続発電装置」＝国際特許取得＊

｛Ⅰ｝＝河川の膨大なる水流エネルギー量流出の発見

1，「用水路水流の水流エネルギーは、水深高さの二乗に比例する。」

2，詳細解説＝Ⅰ－(1)参照

｛Ⅱ｝＝「用水路等の水流勢力は水深に比例する。」を発見

1，規定用水路内の連続水流エネルギーは、永遠に継続する。

2，詳細解説＝Ⅰ－（Ⅱ図）参照

｛Ⅲ｝＝液体の「落下と流れ」の限界理論発見

1，「水の落下と流れ」の限界角度＝Tan45度である。

2，詳細解説＝Ⅰ－（Ⅲ図）参照

｛Ⅳ｝＝「用水路勾配」に対する｛水流速度の算出法｝を発見

1，＊用水路勾配に因る推測度　V＝HE×Rad係数

但し、HE＝水路勾配距離（発電所の水圧管高さ）＝水量落下のエネルギー

Rad係数＝Tan角度÷Rad90度

2，詳細解説＝Ⅰ－（Ⅳ図）参照

｛Ⅴ｝＝流体エネルギーの理論法則発見

｛Ⅵ｝＝「リニア水流発電装置」運転理論性能

｛Ⅶ｝＝福島復興研究発会資料

Ⅰ　河川の膨大なる水流エネルギー量流出の発見の原理

{第Ⅰ図}「膨大なる水流エネルギー」解析の図

{膨大なる水流勢力エネルギー} が海に流れ去る！　＊勿体無いね～＊

河川等水流勢力エネルギーの発見

日本には、数百万河川の膨大なる水流勢力エネルギーが海に放流されている。

{例題}　＊利根川水系　幅＝30m、水深＝２m、水速度＝２m/sec、水流エネルギー

１，１mの水流勢力エネルギー＝120ton-m＝電力エネルギー1,200kw発電

２，100m　――　〃　――　＝12,000ton-m＝電力エネルギー12万kw発電

※「膨大なる水流エネルギー」解析の図

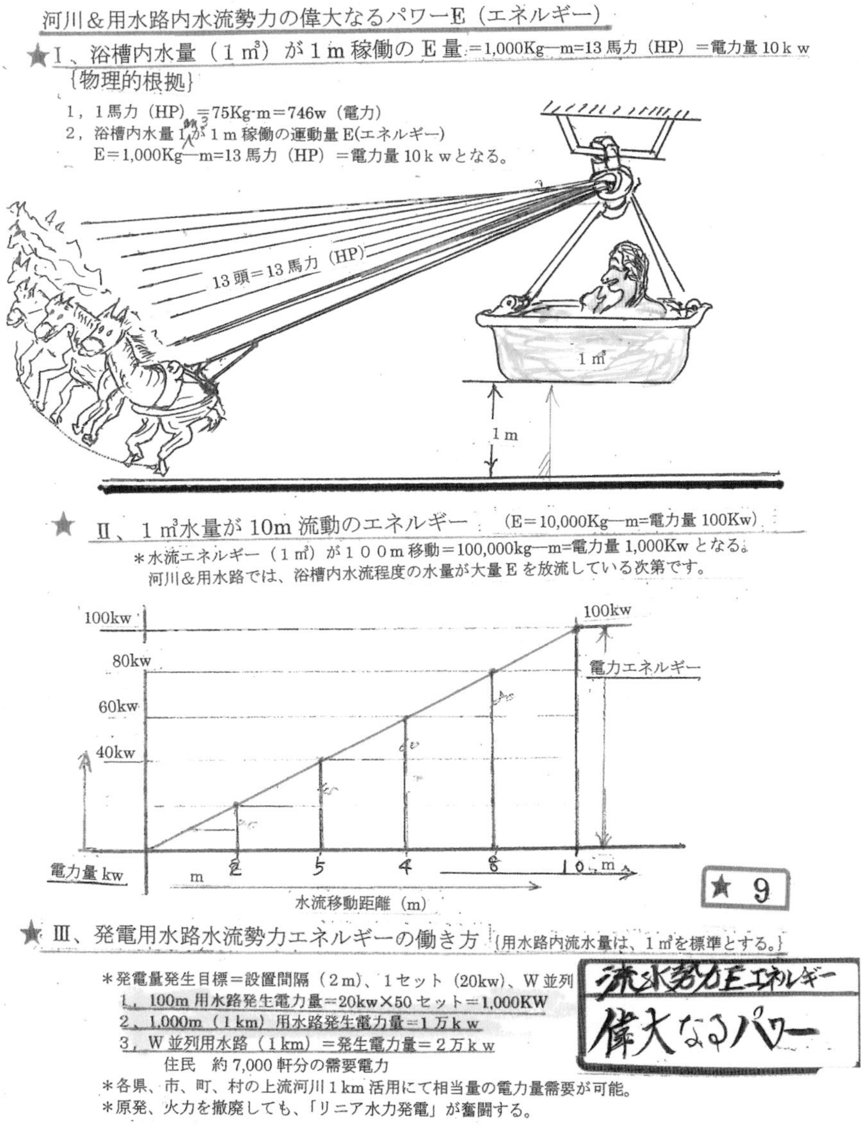
河川＆用水路内水流勢力の偉大なるパワーE（エネルギー）
★Ⅰ、浴槽内水量（１m³）が１m稼働のE量＝1,000Kg―m=13馬力（HP）＝電力量10kw
{物理的根拠}
１，１馬力（HP）＝75Kg-m＝746w（電力）
２，浴槽内水量1m³が１m稼働の運動量E(エネルギー)
E＝1,000Kg―m=13馬力（HP）＝電力量10kwとなる。
13頭＝13馬力（HP）
１m³
１m
★Ⅱ、１m³水量が10m流動のエネルギー　（E＝10,000Kg―m=電力量100Kw）
＊水流エネルギー（１m³）が１００m移動＝100,000kg―m=電力量1,000Kwとなる。
河川＆用水路では、浴槽内水流程度の水量が大量Eを放流している次第です。
100kw
80kw
60kw
40kw
100kw
電力エネルギー
電力量kw
m
2
5
4
8
10 m
水流移動距離（m）
★９
★Ⅲ、発電用水路水流勢力エネルギーの働き方 {用水路内流水量は、１m³を標準とする。}
＊発電量発生目標＝設置間隔（２m）、１セット（20kw）、W並列
１，100m用水路発生電力量＝20kw×50セット＝1,000KW
２、1,000m（１km）用水路発生電力量＝１万kw
３，W並列用水路（１km）＝発生電力量＝２万kw
住民　約7,000軒分の需要電力
＊各県、市、町、村の上流河川１km活用にて相当量の電力量需要が可能。
＊原発、火力を撤廃しても、「リニア水力発電」が奮闘する。
流水勢力Eエネルギー
偉大なるパワー

Ⅱ「用水路等の水流勢力は水深に比例する」を発見

＊ ｛「リニア水流連続発電」・発明の根源・ ｝ ＊

｛第Ⅱ図｝ 狭小河川等横流水流エネルギーの原理、理論

1，「規定用水路内の水流勢力：E：は永遠に不滅なり。」：E＝水流勢力エネルギー

(1) 但し用水路勾配を1ミル以上とする。：水流抵抗を緩衝する。

(2) 用水路緩曲線抵抗分は、無視する。：用水路曲線半径制限設計。

(3) 水流速度＝1m直径水車発電装置は3～5m/secを要する。

(4) 「リニア水流連続発電」成功の根源。

＊用水路内の障害抵抗分の2倍以上の水深数量を増水する。

2，用水路内の「リニア水流連続発電」の発明の根源

(1) 用水路内に水車バケット等の障害物抵抗分を有する場合、障害となる場合は、バケット等の障害となる水深部分となる水深部分の2倍以上の水量を増水する事により水流勢力は減衰することなく進行する。｛特許取得｝ ＊「リニア水流連続発電」稼働する。

(2) 用水路内水流勢力の下面水圧流は、重水質量となって強力水流となる為に上部の水車バケットの抵抗に関係なく進行する。＊水深水量増加にて水流勢力Eが強化する。

(3) 千葉県我孫子市手賀沼実験にて確認。＊連続発電の各種問題点解決「成功」した。

(4) 群馬県利根川水系　実証運転にて、水車発電装置は2m間隔運転可能確認。

3．用水路内水流勢力の障害物は、水車バケット運動部分である。

(1) バケット障害勢力＝250mm×1,000mm×3枚＝750kg-m

(2) 3m間隔用水路内の水流勢力＝3,000kg-m

1,000kg×3m＝3,000kg

(3) 用水路内の障害抵抗＝750/3,000＝25％

(4) 用水路2ミル勾配は障害抵抗を均衡して減衰無く稼動を続行する。

4．「リニア水流発電」の現状の威力＊原発・火力発・温暖化を抑止する。＊

(1) 用水路：幅＝1,2mm、深さ＝1m、流水量＝1 m^3、間隔＝3m、

(2) 長翼水車：直径＝1m、幅（バケット）＝1m、翼数＝8～10枚

(3) 発電機：5～10kw

＊(4) 発電量：1,000m用水路＝3,300kwを発電する。｛住戸：千軒分｝

(5) 用水路回路増加：5並列用水路＝16,500kw発電・｛住戸：5,500軒分の電力｝

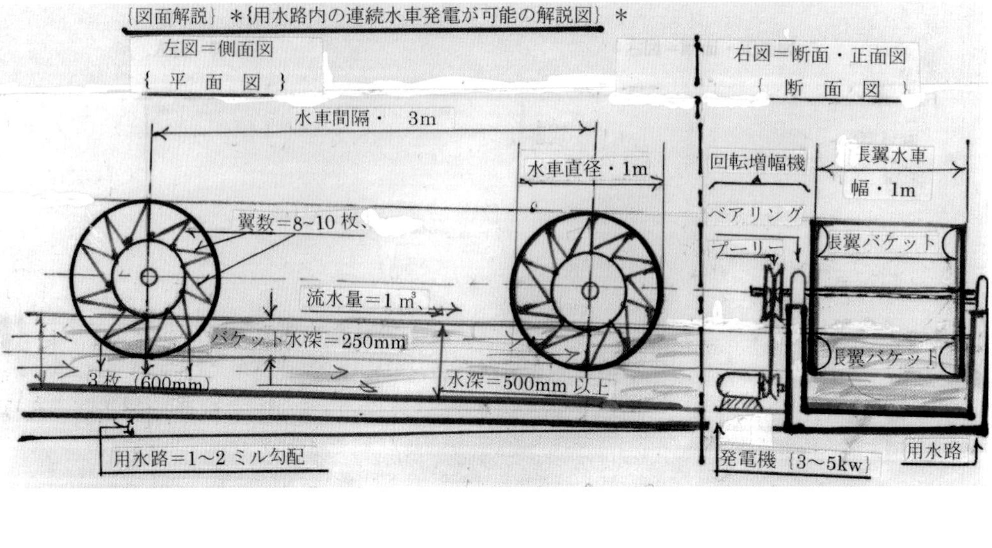

Ⅲ　液体の「落下と流れ」の限界理論発見

{第Ⅲ図} 液体の「落下と流れ」の限界角度の解析

※　NO 1 ＝ {水の落下と流れの限界角度はTan45度である。}　！

1，用水路勾配：45度以内：は水流は正常に流水する。{全て、用水路内を水流する。}

＊　斜面角度45°÷90°＝0，5　{正常の流水}

2，用水路勾配：45度以上：は、水流は溢水する。{落下する。}

＊　斜面角度50°÷90°＝0，56は（0，06溢水）する。{四捨五入で五入となり溢水する。落下する。}

3，45度以上の水流勢力は、落下となる。

例えて、茨城県の袋田の滝は流れも落下も有るが総称として袋田の滝である。

4，「リニア水流発電」は、主に用水路内の水流勢力を活用する。

(1)　水速度＝ 5 ～ 8 m、水量 1 ㎥

（取水口）：貯水池、ダム、急流河川、発電所放水路等

(2)　用水路内に取水した水量が、溢水してはならない。

(3)　平坦河川では、所用水速度を発生の勾配用水路を設計する。

＊　{液体の「落下と流れ」の限界理論発見}　＊

＊　{法則}：Rad角度をTan角度90度で除した値が、用水路の水流角度を決定する。

Y＝水流角度係数とする。

1，Yの値が下２桁の数値の場合、四捨五入にて決定する。

＊四捨の場合＝流れ、：五入の場合＝落下　とする。

(1)　Rad角度・80度＝80°/90°＝0,89＝0,9　{後入であり水流は溢水する。}

(2)　Rad角度・45度＝45°/90°＝0,5　{下２桁が無く水位は均衡して流れる}

(3)　Rad角度・30度＝30°/90°＝0,33　{四捨部であり用水路内を酔龍する。}

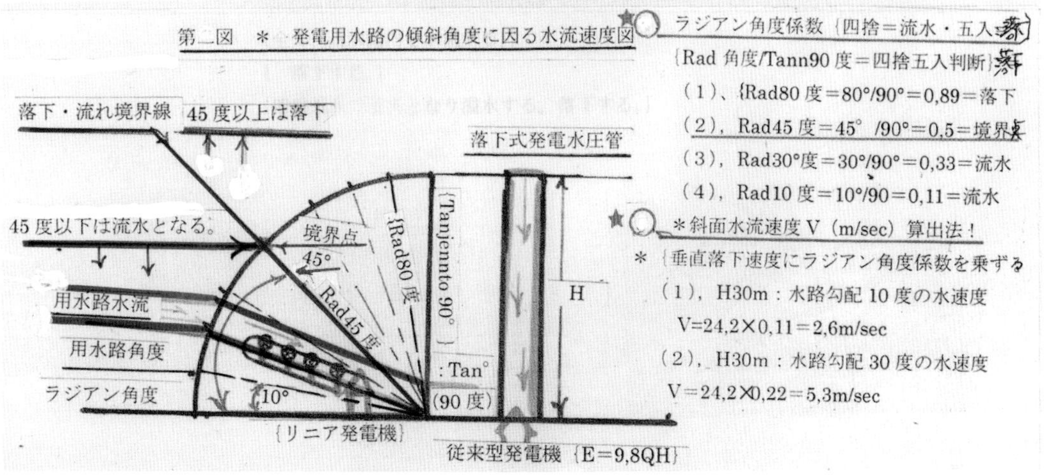

Ⅳ 「用水路勾配」に対する{水流速度の算出法}を発見

{第Ⅳ図} 流水用水路の「角度勾配に於ける水流速度の原理発見

①，河川、用水路勾配に於ける水速度及び連続発電実験成功 {千葉県手賀沼実験場}

(1)，用水路勾配＝１ミル、用水路距離＝50m、水速度＝３m/sec

＊連続発電成功＝連続発電量＝５kw {１kw発電機×５台}

②，河川勾配に於ける水量速度算出の原埋・法則

(1)，垂直落下式に因る運動エネルギー（E）から水速度を求める。{E＝１/２MV２}

水力発電運動量M＝ {9,8Q・H}；Q＝落下水量、H＝水圧管さ,9,8＝重力加速度

(2)，Rad角度/Tan角度（90°）：Tan＝タンジェント、rad＝ラジアン（電気角度）

③，＊河川・用水路における水流速度の法則＊

＊ {河川・用水路の水流速度は、垂直落下速度にラジアン係数を乗ずる}

(3)，水圧管落下地点の水速度（V）算出法、

勾配水流速度（V）＝ $2\times\sqrt{M\cdot}\times Z = 2\times\sqrt{9{,}8\times Q\times H\cdot}\times Z$

但し：M＝垂直落下エネルギー、Q＝落下水量、H＝高さ

Z＝E＝１/２MV２、 9,8＝重力加速度、

→ ＊落下地点の水速度：V

H・100m＝45m/sec

H・30m＝24,2m/sec

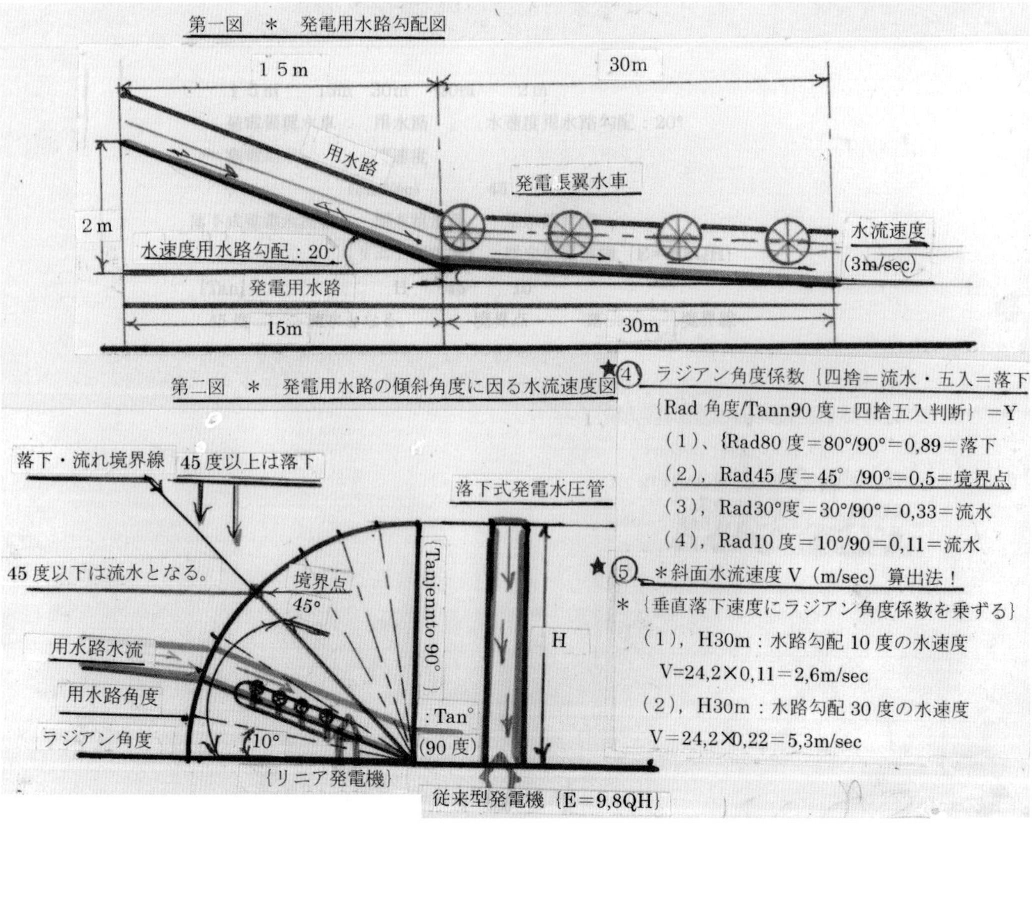

第一図 ＊ 発電用水路勾配図
１５m
30m
用水路
発電 長翼水車
2 m
水速度用水路勾配：20°
水流速度
(3m/sec)
発電用水路
15m
30m
第二図 ＊ 発電用水路の傾斜角度に因る水流速度図
★④ ラジアン角度係数 {四捨＝流水・五入＝落下
{Rad 角度/Tann90 度＝四捨五入判断} ＝Y
（1）、{Rad80 度＝80°/90°＝0,89＝落下
（2），Rad45 度＝45° /90°＝0,5＝境界点
（3），Rad30°度＝30°/90°＝0,33＝流水
（4），Rad10 度＝10°/90＝0,11＝流水
★⑤ ＊斜面水流速度 V（m/sec）算出法！
＊ {垂直落下速度にラジアン角度係数を乗ずる}
（1），H30m：水路勾配 10 度の水速度
V=24,2×0,11＝2,6m/sec
（2），H30m：水路勾配 30 度の水速度
V＝24,2×0,22＝5,3m/sec
落下・流れ境界線
45 度以上は落下
落下式発電水圧管
45 度以下は流水となる。
境界点
45°
{Tanjennto 90°}
H
用水路水流
用水路角度
ラジアン角度
10°
: Tan°
(90 度)
{リニア発電機}
従来型発電機 {E＝9,8QH}

V 流体エネルギーの理論法則発見

{第Ⅴ図} 流体エネルギーの理論法則発見、解説

★ {第Ⅴ図} 液体の流動エネルギー特性の原理、理論発見解説

傾斜面用水路流水勢力不滅の原理　　＊「リニア水流連続発電装置」＝国際特許取得＊

平成27年5月5日

極秘

＊「傾斜角度を有する用水路や狭小河川等の水流勢力は、永久に不変を続行する。」！＊

{用水路内水流勢力の偉大なるパワー}

株式会社ゴカン水力発電開発
代表取締役社長　後閑　始

極秘

1，　傾斜角を有する直線上の用水路に於いては、流水容量と傾斜角が水流勢力加速度αを発生して競合勢力となって永久に勢力を続行する。

2，　直線用水路中において、流水勢力を妨害する障害物等の抵抗勢力があっても、其の障害物抵抗分の水量と次の障害物迄の水量との水量勢力の比較によって用水路水勢力は流水を続行する。リニア水力発電装置はこの条件を活性発展するために水車バケット高さを活用した水勢力の　　特許権を取得した。更に流水量を大量とするために発電装置間隔を3m~5mとした。

＊Ⅰ図は、リニア水力発電装置「標準せっけい設計仕様図」，

1，用水路：用水路長＝１００m、幅＝1m、水深＝0,6m、発電装置間隔＝5m、

3，　発電用長翼水車：直径＝1m、翼長＝1m、水掻きバケット幅＝0,25m、

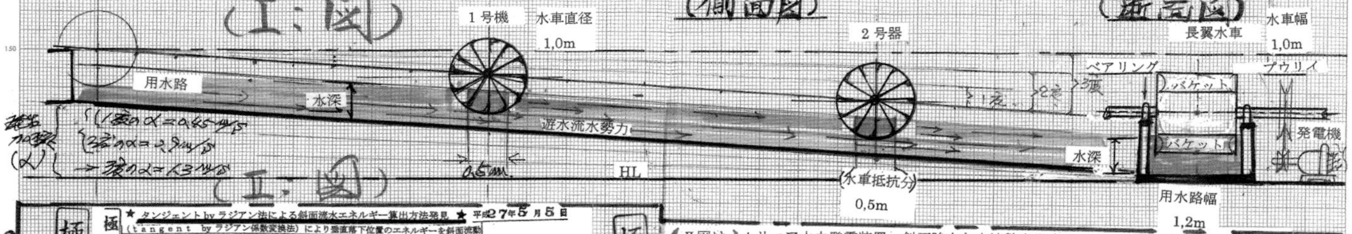

極秘

★ タンジェントbyラジアン法による斜面流水エネルギー算出方法発見 ★ 平成27年5月5日

(tangent by ラジアン係数変換法）により垂直落下位置のエネルギーを斜面流動水流エネルギーに変換する。変換係数＝Cw＝下記Ⅳ。　$原理発見者：後閑始$

㈱ゴカン水力発電開発
代表取締役社長
後閑始

Ⅰ ラジアン変換係数＝勾配角度+tangent90度（斜面角度+垂直90度）

斜面45度÷90度＝0，50　：落下水流と斜面水流の分析角度

斜面30度÷90度＝0，33　：斜面水流勢力（四捨五入切り捨てる場合）

Ⅱ 落下水勢力範囲&斜面水流勢力範囲の境界線（斜面角度+90度）

（1）tangent45度以上は、落下水勢力となる。用水路では溢水となる。

（2）tangent45度＝落下水勢力と斜面水流勢力を2分する分界角度である。

（3）tangent45度未満は、斜面水流勢力となる。角度により水勢力は変化。

Cw：tangent θ by ― radian　変換図（垂直落下Eを斜面流水Eに変換）

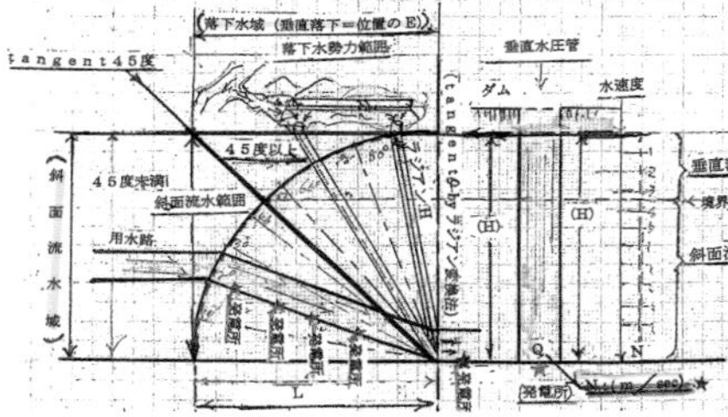

極秘

Ⅱ図は、＊リニア水力発電装置：斜面強力な水流勢力発生の原理＝特許権項目：

1，Ⅰ号機の抵抗水流勢力量＝0,25×0,5×1,0＝0,125m^3（回転始動により抵抗減少）

2，5m間隔の水流勢力量＝0,5×1,2×5＝3,0m^3

障害物抵抗分＝1項/2項＝0,04（停止状態：始動により抵抗減少し零に近づく）

4，100m用水路の勾配に依る水勢力加速度α：勾配2度＝44,3×0,02＝0,9m/sec

〃　：勾配3度＝44,3×0,03＝1,3m/sec

＊　傾斜面上の用水路リニア水力発電装置は、上記の原理で他の機器等の障害物抵抗に関係なく発電を続行する。

★Ⅲ 垂直落下水勢力

V＝$\sqrt{2×9、8×Q×H}$（m　s）

H-100m＝44,3（m／s）

H―30m＝24.2（m／s）

（1）V30,勾配20度

24,2×0,22＝5,3（m／s）

Ⅴ 手賀沼実験 H30m：勾配10度

（用水路長＝50m：平坦20m）

① 実験結果：勾配＝10度勾配：水流速度＝2,5（m／s）

② 変換計算式数値＝H30m：勾配10度＝24,2×0,1＝2,6m／s）

Ⅳ 垂直（90度）落下水勢力に対する開放用水路の勾配角度（tangentH）：変換係数＝Cw：

Tangent角度80度＝80°／90°＝0,89

〃　60度＝60°／90°＝0,67

〃　45度＝45°／90°＝0,50

〃　30度＝30°／90°＝0,33＝0,30

〃　10度＝10°／90°＝0,11＝0,1

①、変換係数（Cw）に依る斜面水勢力

（1）H100m：勾配10度＝44,3×0,1＝4,9（m／s）

（2）H30m：勾配10度＝24,2×0,1＝2,6m／s

（3）H30m：勾配20度＝24,2×0,2＝5,3（m／s）

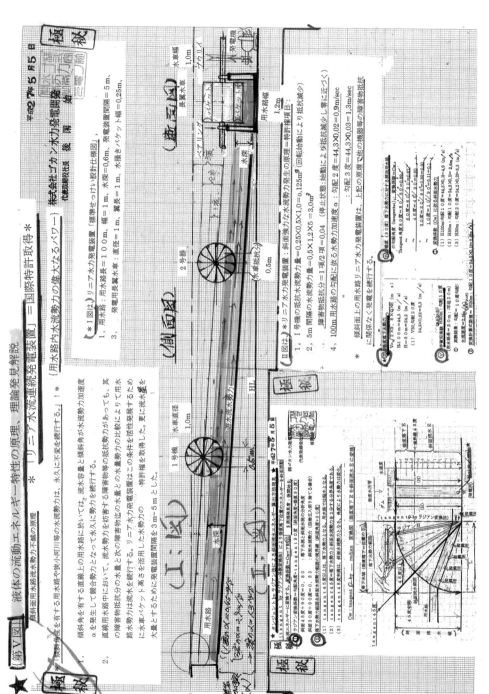

Ⅵ「リニア水流発電装置」運転理論性能

{第Ⅵ図}「リニア水流発電装置」運転理論解説

★{第Ⅵ図}＝新発明開発の「リニア水流連続発電装置」設計図：解説：

極秘

平成30年4月　日
㈱ゴカン水力発電開発
代表取締役社長　後閑始

Ⅰ 理論：其の１　「リニア水力発電装置」　★＊「水流勢力エネルギー新理論発見」の論文：其の１：★

水流勢力に就いて、数種の未解決理論を発見した。

１＊規定用水路内の水流勢力は、永遠に不滅なり。＊

{規定} 用水路壁＆緩曲線抵抗分は、無視する。

２＊用水路内に水車等の障害物抵抗を有する場合＊

{抵抗分解消} 障害物の抵抗水深分の２倍以上の水量の増水に依って、水流勢力は減衰せずに進行する。

３＄＊「用水路内m間隔での連続発電可能」の原理なり。

１，Wr＝水車：直径＝１m、横幅＝1m、バケット幅＝250mm
翼数＝10枚&8枚
２，G＝発電機：5Kw～10Kw、
３，B＝ベアリング（水車軸受）
４，AG＝増幅器ギヤー（G/Wr＝1/6）
T＝用水路：深さ＝1m、横幅＝1m

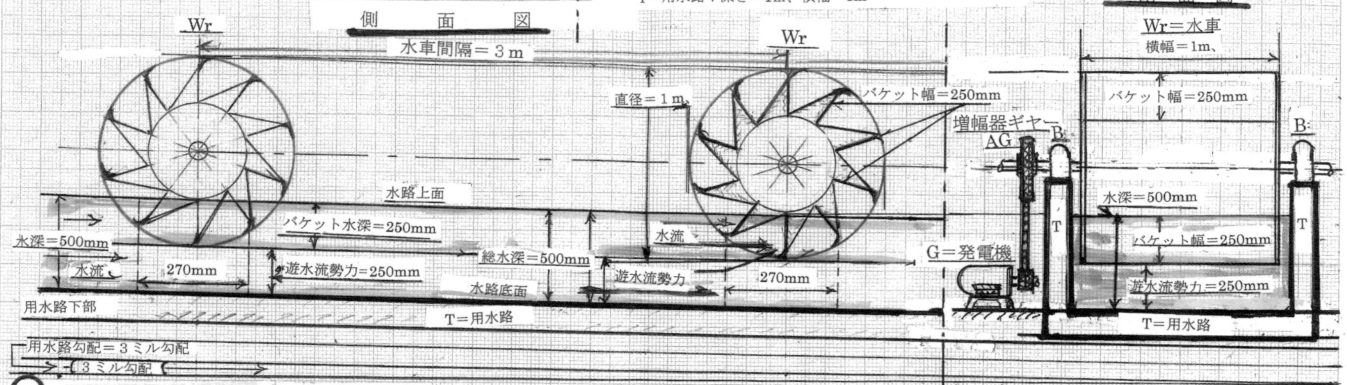

側　面　図
Wr
水車間隔＝３m
Wr
直径＝１m
バケット幅＝250mm
増幅器ギヤー
AG
B
水路上面
バケット水深＝250mm
水深＝500mm
水流
270mm
遊水流勢力＝250mm
総水深＝500mm
水流
遊水流勢力
270mm
G＝発電機
水路底面
用水路下部
T＝用水路
用水路勾配＝３ミル勾配
３ミル勾配
断　面　図
Wr＝水車
横幅＝1m、
バケット幅＝250mm
B
水深＝500mm
T
T
バケット幅＝250mm
遊水流勢力＝250mm
T＝用水路

Ⅱ m間隔での連続発電理論：「リニア水力発電装置」

{条件図面例} 縦、横１mの用水路内に0,5㎥（浴槽の半分）の水流勢力を流水する。
水車発電装置を３m間隔に連続設置する。

{連続発電理論}：水流勢力エネルギーに対抗する水車のバケット障害抵抗分は、下方の遊水流水流勢力に相殺されて、水流勢力は即復元し減衰せずに進行する。
＊更にm間隔の水量に対する障害水量比は、10％で水流抵抗にならない。

Ⅲ 水車の水流障害抵抗は、10%程度であり、連続発電には無関係となる。

{図面説明} １，3m間隔の水流分＝　㎥、２，水車バケットの抵抗水量分≑0.17㎥
３，水流勢力抵抗分比率度＝170/1500＝0.1 ――＝10％
＄＊障害抵抗分10%は、遊水流勢力に相殺されて連続発電に関係しない。

Ⅳ 規定発電用水路内水流勢力は、水車等の障害抵抗分を即復元して水流を継続する。

１，水流勢力に対する水車障害抵抗分は、10%である。10%は運転始動時抵抗分であり開始後の障害抵抗分は、3%程度に減少する。）従って連続発電運転は可能である。

２，用水路規定勾配（３ミル勾配）に依る水勢力により水車障害抵抗分 3%はここでも相殺される。用水路内水勢力は更に減衰せずに永遠に継続する。

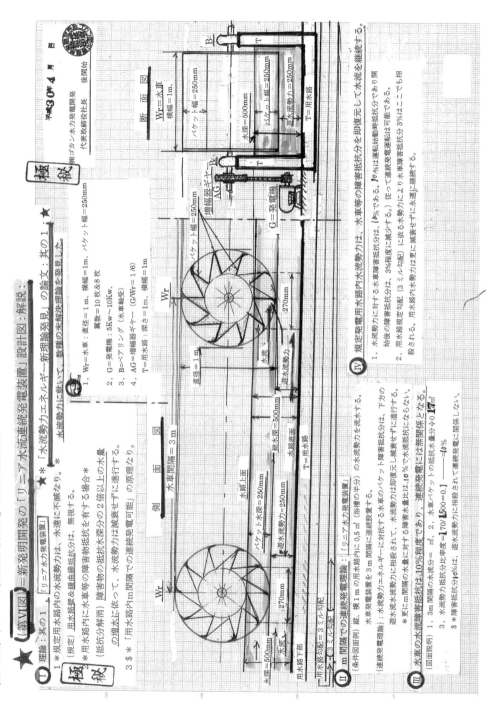

Ⅶ　福島復興研究発表会資料より

「リニア水流連続発電」の活躍＝「リーフ福島2018」（福島復興研究会資料）

※　憎気！　温暖化撃破の大砲「リニア水流連続発電」闘魂の威力※

｛福島被災復興研究発表会　出展　講演発表会資料｝

＊　ドイツ、ベルギー含む世界200企業が出展中、講演発表20社に選抜され而も筆頭講演の栄誉を頂いた。

即　同年末　㈱南相馬メンテナンス会社が実践の運びとなった。

下記の図面解説

1，「リニア水流連続発電装置」

⑴　写真図＝千葉県我孫子市手賀沼実験＆群馬県利根川水系にて実験結果の改良品３ＫＷで実験し、研究改良して５kw～10kw発電用として開発した。

⑵　設計図＝側面図＆正面図

⑶　平成30年11月30日：「リニア水力発電」：国際特許取得

2，投資効果

⑴　見積投資効果＝電力生産額÷投資額＝45%

｛200m水路、水力発電機＝64基、発電機＝10kw｝

＊　投資額＝45%　｛約２年で回収｝

⑵　現状は、約30%の投資効果で３～４年の回収である。

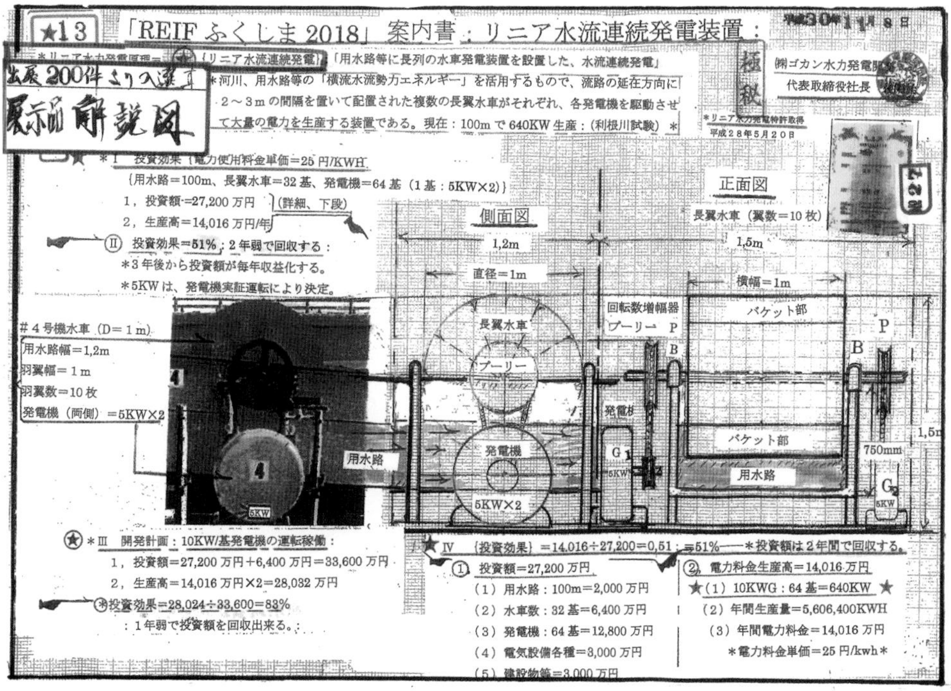

基10kw～20kw発電に改良した「新型発電用長翼水車」

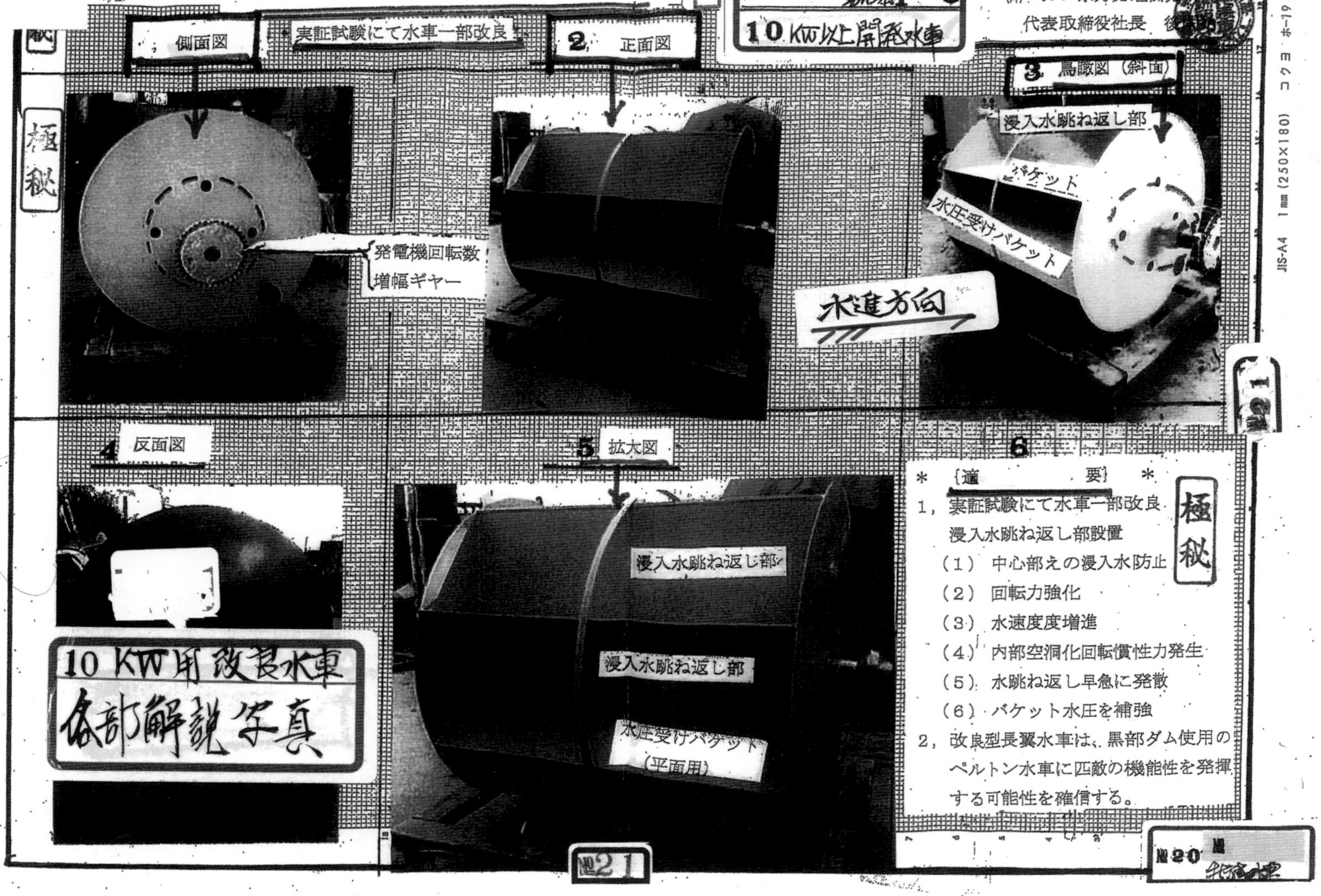

地球の誕生

人間生還

★ XII、温暖化を撃破して「蒼き楽園の地球が蘇生した」！

{三省堂出版・抜粋集} **人間の条件：解説書**

{人間の条件：後閑始　著}

俺って何なんだ！

人間の起源と誕生

「人間の条件」とかけて
人生は我が研鑽に

№72

人間か　人間知らずの　人生は　群盲„象"を撫でるか如

人間が為すべき正しい道を和歌で綴った書、

｛付　録｝

（新世紀・人間の条件）

地球温暖化現象やコロナウイルス感染症の奇襲に遭遇し、生き地獄の世を勝ち抜き更に現在も逞しく「明るく、元気で、前向き」に生存している地球上の人類を「新世紀の人間」と言う。
「新世紀の人間」が地球上の人類と成った以上、相互に一体感を持って｛信じ合い助け合い喜び合える｝人間としての道徳上の道理を弁える生きざま、を＊｛新世紀・人間の条件｝と言う。

＊　人間の条件

1，人間は、人類として生誕した以上「人類を繁殖すべき」使命が託されている。
2，人類子孫を楽園、安住の地にて繁栄繁殖させるべき義務が託されている。
3，｛参考｝因みに、地球上・森羅万象の生物全てが各種族毎に種族繁殖の為に生存競争の中で生き抜いているのです。

〔新世紀・人間の条件〕は
{人間生還の書}『人間の条件』の抜粋です

1．人間の生き様を880首の和歌で詠った書です。
2．人間は人類「繁殖繁栄之使命」を帯びて生誕したのです。
3．森羅万象の生物全てが、種族繁殖の為に生存競争の中で生き抜いています。

＊　人生は　我が心根が　造るもの　　負けず勝ち抜き　前に進もう　！
「温暖化｝・「コロナ」に勝ち抜く　今の我れ
A明るく　G元気で　M前向き人生！

＊　漫画絵の一部に描写絵が有ります。ご容赦下さい。

まえがき

【俺って一体何なんだ、人間だったらどうすりゃいいんだ】

人間は生存の各段階において、生きるための条件は幼児、少年、青年、成年、壮年、老年等で異なります。人間は、苦娑婆に生活があります。本書ではそこで生き抜くための心の悟りを、個人が生き抜くための必須条件として、私なりにまとめてみました。従来は格言、俚諺、儒学や菜根譚、世界の名言集等々を立派な金言、短句、俗語録などとして記述してきました。

本書では、これらの言葉と併せ、私の著作の説明文を、和歌に組み込んでみました。五、七、五、七、七の五句三十一音の、リズミカルな大和《やまと》和歌《わか》として、読者皆様に容易に理解して頂けるようにと考えてみました。その数は全部で約八百余首ですが、我流であることを最初にお断りしておきます。

本書内容の数首については、各種書籍を参考にさせて頂きました。著者の皆様方には、厚くお礼申し上げます。お蔭様で、「人間」への理解を深めることができました。

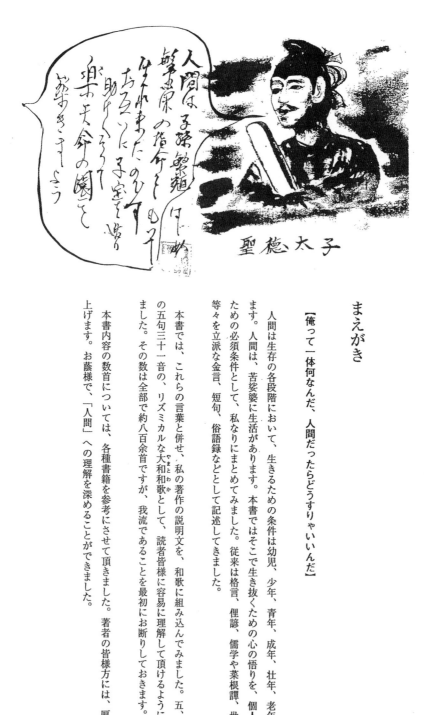

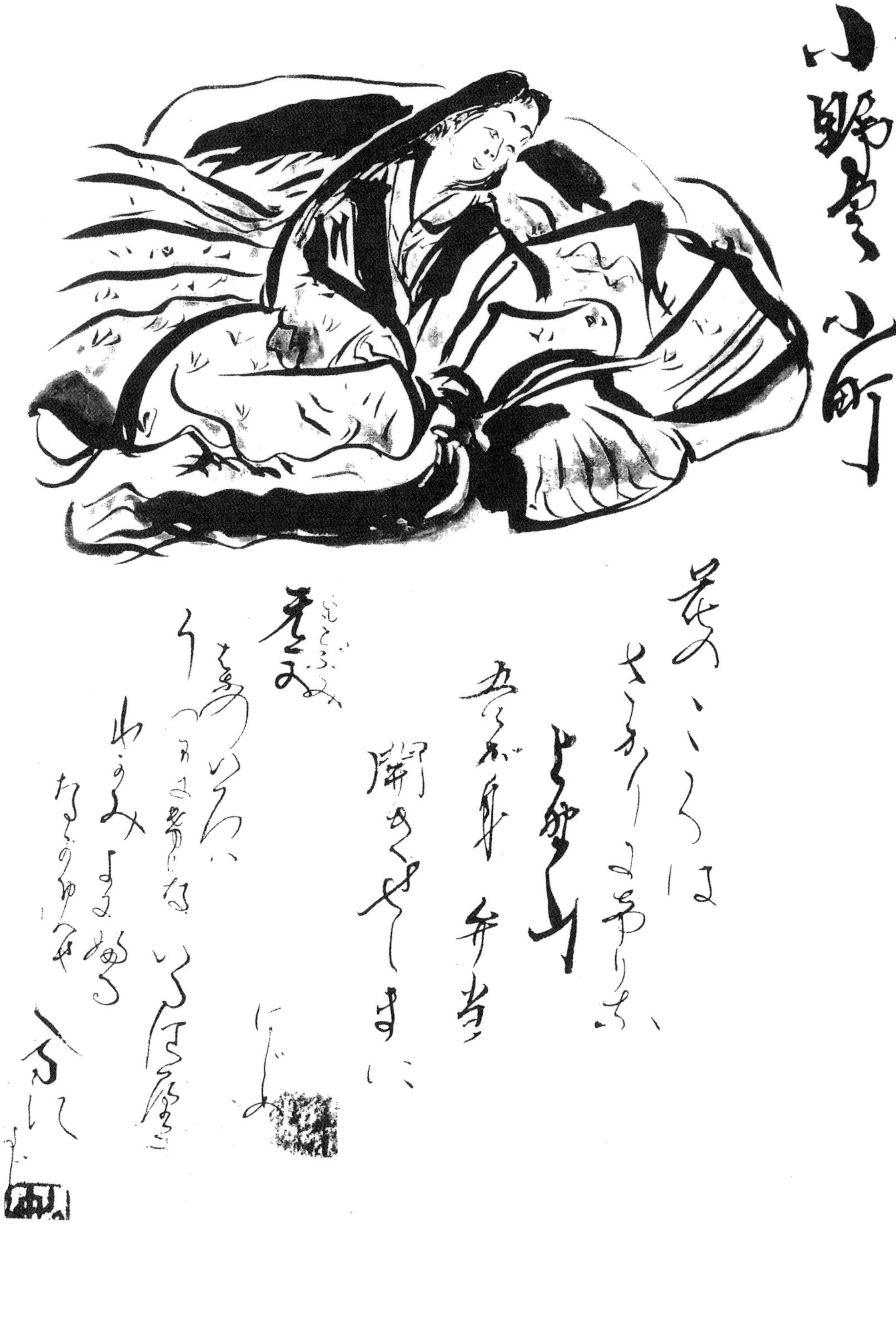
小野小町

津波《つなみ》しかけて
八股の大蛇《やまたのおろち》を解く
その心は
八つの港に一度に突込み
人間、財宝と
一飲みにする！

はじめ

陽成院《ようぜいいん》
小倉百人一首・後撰集より
恋の滝　と解く
その心は
思慕の恋衣が深い淵にまで
浸蝕するに至った

仕事は人哉なり

※

#113

金なども頭と根性あればいい
後は努力で運が掴める
けじめ

アインシュタイン（天才物理学者）
ドイツ生まれのユダヤ系

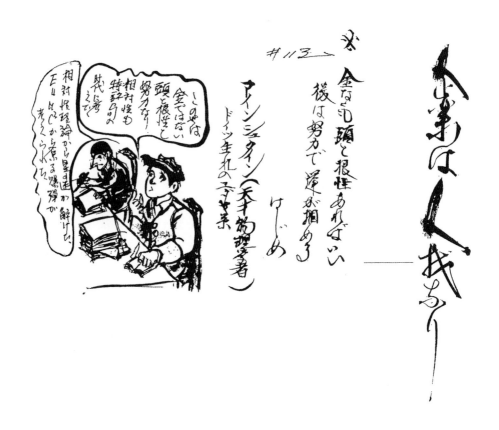

記述されている、百人一首の恋歌は京都乃
嵯峨山荘の襖色紙に藤原定家卿が書いた
和歌集である。上句と下句が結び合う
和歌先生
はい

石門を　抜けて更なる　獣道《けものみち》
苦娑婆《くしゃば》を妙技で　切り拓《ひら》き往く

数字歌
（八万三千八　三六九三三四四　一八二
四〇二五五六八　一十四五一〇）

【生き抜くは　我が人生】

上州・妙義山

（著者筆）

山路《やまみち》は
寒く淋しょ
一家に
偲ぶ心は
愛しい人を

【和歌は在原業平や藤原定家卿の連歌等により、皇紀約千年頃から万葉集、伊勢物語、古今和歌集、百人一首などの中で歌われてきました。和歌は「心の通信文」として扱われ活用されてきました】

①　和歌として　話しの心　リズム化し
　人に伝えて　聞いて頂く

②　上《かみ》の句を　下《しも》の句応《こた》え　三十一《みそひと》の
　心の奥ぞ　天に通ずる

これは本書における、著者としての願いです。

『人間の条件』とは、

人間が生存する以上、人類の「繁殖、繁栄」させなければならないという「使命」とともに、この世に生まれ出た人として果たさねばならない具体的な義務・憲章が「人間の条件」であります。一口で言えば、子供を育て、子孫を増やし、子孫のために世の中を善くし、そして世のために尽くすことです。

そのためにどうするかを説いたのが本書です。

多少でも、この趣旨を御理解頂き、御愛読頂ければ幸甚です。

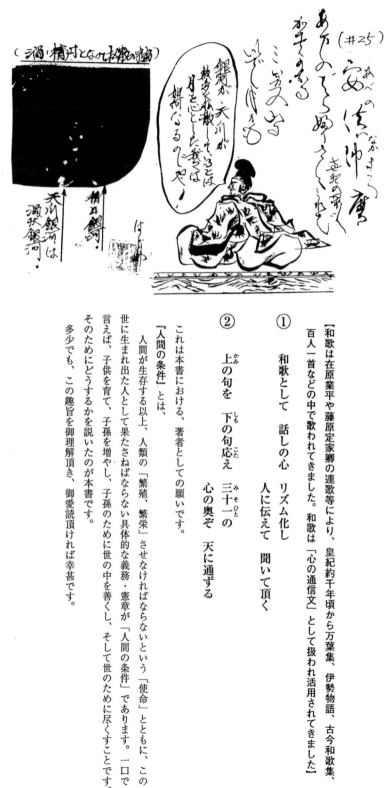

【人生には、生まれながらにして実行すべき絆が仕組まれている。】

人間の条件の真髄（生命生誕の人間に課せられた使命。人類の子孫が「繁殖と繁栄」の使命を果たす、という大憲章のこと）は、お互いがお互いを愛し合い繁殖するということです。したがって他を傷つけることは最大の罪悪であります。

生命は、天地自然の現象により、元素が熱と光合成によって鉱石の元素の中に息吹が吹き込まれて誕生しました。それが数十億年の進化と努力によって一億種類の生物へと発展しました。私たちはその中の最高の能力を持った人類の遺伝子を受けて「人間」として誕生することが出来た尊い存在なのです。

しかるに現状においては、人間の条件の真髄（繁殖・繁栄）を勘違いした操行の狂った人の行動により、環境や世情が悪化しています。我々は人類です。立派な人間はたくさんいます。しかし中には、自分が何者であるかもわからず知らず、また自らが何をすればよいのかを知らずして、他人の尊さにも気づくことなく、無法、無謀な傷害、殺傷事件を頻発させています。

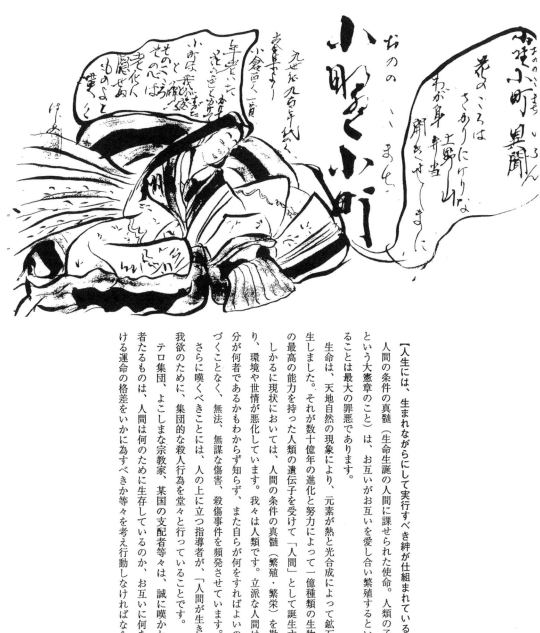

さらに嘆くべきことには、人の上に立つ指導者が、「人間が生きるための尊い生命の条件」も解らず、我欲のために、集団的な殺人行為を堂々と行っていることです。

テロ集団、よこしまな宗教家、某国の支配者等々は、誠に嘆かわしい問題です。ですから組織の指導者たるものは、人間は何のために生存しているのか、お互いに何をすべきなのか、人間個人の各所における運命の格差をいかに為すべきか等々を考え行動しなければならないのです。そして、よく「人間と

What《ウォット》 am《アム》 I《アイ》！

摩訶不思議な宇宙に生れた「私」である。いったい俺って何なんだ。どうして生命があり、何のために生まれたんだ、どうすりゃいいんだ。地球って何だ、宇宙の星空って何だ、星空を包む宇宙とは何だ、詳しく教えてくれ！

⑤　無限《むげん》なる　宇宙に生まれ　現実の
夢幻《むげん》生き抜く　俺何なんだ

まず己の先祖を知ろう、生物の起源を知ろう、宇宙を知ろう、己が何で出来ているかを知ろう、どうすりゃいいんだを知ろう。そのために、人間としての条件は出来た。条件とどう向き合って生きればいいのだ。

紺碧の宇宙は、涯《はて》しなく無限に広がる。その広がりは、人類の英知を結集しても量り知れるものではない。その大宇宙の中に煌《きら》めく一部の小宇宙もまた膨大である。それら数千万の小宇宙の一つの恒星・

人間の条件↓すなわち人間の使命は「人類の繁殖と繁栄」にあります。人々はこの世に生命を預かり誕生した以上、この課せられた権利義務を全うし果たさなければなりません。人が苦婆を生き抜く中で、これを何時いかように果たすべきかの思索、方策が「人間としての条件」です。

ウォット、アム、アイ！
俺って　何なんだ！
What　am　I！

「俺は、何なんだ！なんで人間なんだ！なんで孤独なんだ！人間だったらどうすりゃいいんだ！」誰もが迷う、人の生き様である。
「己」は、単身単独かつ独心である。ただし人間は生物の頂点に立って生存活動をする生き物である。
生物が生存活動を営む地球は、約四十五億年前、銀河系内ブラックホールの爆発により、小宇宙に形

⑧　我れ独身　天上天下　独心で
　　　我が生きる道　我に始まる

人類数十億は全て単身単独で己の身体で行動する。また心も我のみの孤独なものであり、この心こそ奇想天外な生き物で、善ともなれば悪にも化身する。無限なる宇宙よりも大きく広がるかと思えば、また原子核より小さく縮む。我が間脳が馭《ぎょ》するには厄介な代物である。これらを磨かなければ人にはなれない。磨く心こそが「人間条件の因《もと》」である。

人間の条件とは、

この社会を「いかに生きるか」「いかに進むか」「自分自身を人間としていかに裁くか」が人間の条件であり、生きていくために、人に迷惑をかけず、己を楽しく幸せにしていく道が人間の条件である（すなわち、子孫の繁殖と繁栄を図るのが主な目的である）。

【我れ天上天下唯我独身にして、独身故に発展の兆しあり】

⑨　我れ在りて　世界が見えて　世がありて
　　　我れ生きられて　幸《さち》の世造る

寿命の二割の期間が、養育の場と考えられている人間様は、のんびりとゆったりと子孫の繁殖、繁栄の条件を造り上げる。
改めて、人間に生まれた有難さを　噛み締めなければならない。

⑫　死ぬよりも　辛い場合が　あるなれど
生きねばならぬ　これが人生

⑬　生き物は　森羅万象　悉《ことごと》く
種族の繁殖　繁栄に生く

【人間の子孫繁殖、繁栄の条件には、快楽の褒賞が課せられている】

⑭　妻娶《めと》り　快楽を知り　子がうまれ
梨の木畑（この上なし）に　幸《さち》が重《かさ》なる

「人間の条件」の起源第一は「子孫繁殖、繁栄」にある
この世の中は雄と雌とのたった二種類である。異性の二種が、子孫繁殖、繁栄の使命を持って地球に誕生したのである。快楽を知り、子孫の繁殖、繁栄に努力し、楽園のような幸せな社会を築き、我が喜

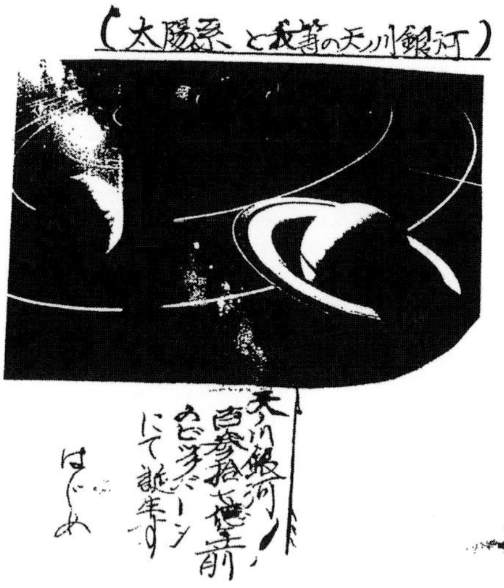

⑮

【天文学者は、宇宙の起源をビッグバンと称し約百三十七億年前の事象としている】

無限なる　宇宙の一部が　爆発し
　煌《きら》めく星座の　宇宙が出来た！

【約四十五億年前、銀河系の一端が爆発（ミニバン）して太陽系が出来た】

⑯

星空の　銀河の尻尾《しっぽ》が　爆発し
　太陽とり巻く　宇宙となった！

【約三十五億年前、地球の十二大元素が熱と太陽の光合成により、奇跡的に生き物の息吹きが誕生し、今や一億種類の生き物が弱肉強食の中で生存している】

⑰

太陽の　惑星地球の　元素から
　光と熱で　生命《いのち》誕生

天文学的なこの数字！

今も美しく夜空に煌めく星座や、まばゆいほどに輝く銀河の星、恒星は、太陽のような核融合と燃焼により、光を放ち続けている。星の宇宙の星座や銀河や南十字星、北斗星等、光輝く恒星の全てにおいて太陽と同じ核融合現象が起こっていると思われる。

約四十六億年前において、星宇宙の銀河系の一部が爆発し太陽系誕生のきっかけとなる爆発、ミニバンが発生した。やがて太陽を中心として、七つの惑星がとり巻き太陽系宇宙が誕生した。

さらに、星の宇宙には、すべての物を飲み込むブラックホールが散在し小宇宙を誕生させている模様である。

㉕　あの銀河　こちらの銀河も　渦《うず》・楕円
　　　　爆発しながら　膨張してる

【原子の大きさ】

㉗　大きさは　原子とゴルフの　球の比が
ゴルフと地球の　比率《ひりつ》に対す

主要な十二元素に熱と光合成が反応し宇宙に生き物の息吹が湧き出した。

三十五億年前、単細胞シアノバクテリア（RNA―タンパク質を原核とした最古の単細胞）が発生した。生物第一号である。

生物を構成する主要十二大元素とは、水素（H－1）、炭素（C－6）、窒素（N－7）、酸素（O－8）、ナトリウム（Na－11）、マグネシウム（Mg－12）、リン（P－15）、硫黄（S－16）、塩素（Cl－17）、カリウム（K－19）、カルシウム（Ca－20）、鉄（Fe－26）である。括弧内数字は原子番号を示す。

㉘　生物は　元素に熱と　光とが
うまく合成《からみて》　息吹《いぶき》がついた！

【動、植物の生体をつくる主要構成元素と物質】

1. 元素（12大元素によって出来ている）

(1) 植　物＝ H《水素》、C《炭素》、N《窒素》、O《酸素》、Mg《マグネシウム》
（10大元素） P《リン》、S《硫黄》、K《カリウム》、 Ca《カルシウム》、Fe《鉄》
(2) 動　物＝植物より、Na《ナトリウム》、Cl《塩素》
（12大元素）

2. 生物構成物質

(1)　　水　　＝H、O
(2) 無 機 塩 類＝Na、K、Mg、Ca、Fe、
P、S、Cl
(3) タンパク質＝C、H、N、O、S
(4) 糖　　　類＝C、H、O
(5) 油　　　脂＝C、H、O
(6) 核　　　酸＝C、H、N、O、P

これらの構成物質は60兆個の細胞機能として活用されている

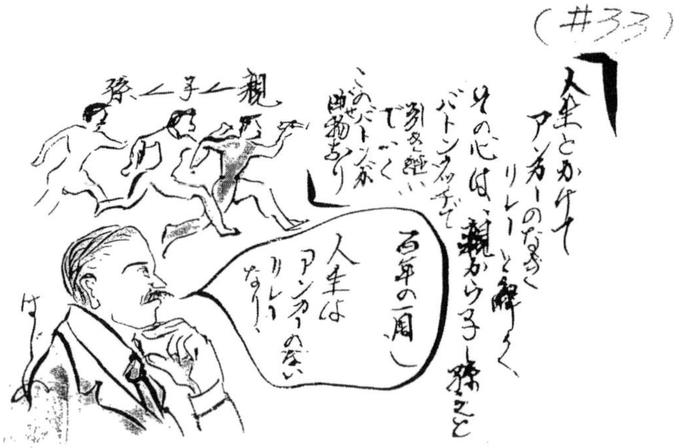

【人間は、一人ひとりがＤＮＡを引き継ぐリレーのアンカーであり主人公である】

㉝　人生は　アンカーのなき　リレーなり
　　今を全力　引き継ぎ全力

摩訶不思議な現実の世に貴き生命を頂いた。昨日はすでに去り明日はまだこない。今あるのは、輝く己の姿のみである。今の力を、明日への夢に希望をつないで、心を豊かに。

【人生は行雲の如し】

(一)　雲よ流れて　何處《どこ》行くよ
人は子育て　赤子の尻を
口で吸い出し　命がけ
霞《かすみ》棚引く　春爛漫は　花見酒
唄い踊りて　舞い上がり　心明るく　流れ行く

人は皆、育てられる喜び、育てる喜び、生きていく喜びと常に喜びの中に生きている。さらにこの喜びに前向きの心をつけることによりすべて、幸《しあわ》せな寿命となるのである。
人間だって猛獣などを避けるため、南方の島国などでは、木の上や山頂等に生活することもあった。

【寿命を運命とともに生き、運命は不幸といえども心次第で幸せとなり、「不幸」この世にありはせず】

㊱　我生きる　自然が与えし　この生命《いのち》
　　身心能力　寿命と運命

寿命とは生れた時に、すでに定まったものとして有難く受け入れなくてはならない。今はあるが明日には知れぬ我が寿命、今現在、我が能力と前向きな心で明るく進む。運命こそは、生れた処が我が聖地、己を磨き心を育てれば心は何よりも強いものとなり、不幸なことも心がすべてを幸とする。心を卑しく育てれば、何事も不幸の底に落ちてしまう。

【明日の生命を知る人はなし。今が生きがい】

㊴　寿命とは　生れし時に　定まりて
　　日毎の朝日　有難き哉

【生まれがどこであろうが、今がどうであろうが、幸か不幸かは我が心が決める、自分がわかるのは、自分のみである】

㊵　人生は　寿命《じゅみょう》と運《うん》で　生きるもの
　　心次第で　運全《うんすべ》て幸《さち》

【心はすべて開運の心を造り出す。また艱難に対する辛抱、忍耐、我慢、努力等全てを制御する】

寿命は既に生れた時に定まったものである。人すべて今の生命《いのち》は、明日あるかどうかを知らず。それでも百歳までと、命ある限り目標を定め希望をもって進むのが人生である。されど人間は生身《なまみ》の身体《からだ》で

次 #42→
数億の仲間を蹴って生まれ来た
人生なのだ　正しく生き抜け
はじめ
君達は
数億の精子の
唯一の代表者よ
これからも
愛の結晶を
沢山造るわよ

【父親の精子は数億のうちの代表として母親の卵子にに飛び込んだ。この責務は重大なり】

㊷　数億の　仲間を蹴って　生まれ来た
　　人生なのだ　正しく生き抜け

父親の精子の放出数は、一回に数億に及ぶと言う。人類生命遺伝の伝達式は、父母の愛の結晶の瞬間に行われる。この世で生命が貴しといわれる所以《ゆえん》である。ましてや万物を代表する人間の生命であるから絶対に毀損《きそん》してはならない。

【地球上の一億種類の生物は、それなりの遺伝子・DNAにて子孫の繁殖を図っている】

㊸　生き物は　DNAが　基盤にて
　　細胞遺伝子　種族を引き継ぐ

人間は、六十兆個の細胞から成る多細胞生物で、この遺伝子が五百万年も引き継がれ、直立猿人ピテカントロプスから進化し、七十億人に向かって繁殖し続けている。

㊽ 誕生は　卵子と精子の　絡《から》み合い
　絡《から》み損《そこ》なや　我は世に無し

【人類も同じで人間の条件はここに発生する】

㊾ 生き物は　森羅万象　悉《ごと》く
　子孫繁殖　繁栄努力

【己の身心が生育すれば人間の条件により自然と子孫繁殖に貢献しなければならない】

㊿ 子宝を　造るが為に　生まれ来た
　人生なのさ　異性を愛す

【子孫繁殖のために、快楽悦楽を褒美とした自然に感謝する】

(51) 妻娶《めと》り　快楽を知り　子が生まれ
　梨の木畑にゃ　幸《さち》が山積み

梨の実は、二メートルほど高さの柵に実をつける。梨の木畑に入ると、「この上なし」となる。

㊺

留守居の魔《ま》　さすれば太く　ポチの却
当てりやぬるりと　抜けず天国

学校から帰った満留《みつる》は、宿題終えた午下《ひるさが》り、さすりよるペットのポチとたわむれた。ここやかしこ撫《な》でるうち、ポチのあそこが膨《ふく》れだす。何の気なしに抱き締めて、両足抱えて触れて見りや、ずぶりるりと奥までささる、失神しながら抱き締める、ポチが腰ふる強さに気絶！年頃になりゃ、こんな茶番の劇もある。一人が故に、奇抜な寸劇出没す！

【苦境と謂《いえ》ど真剣で立ち向い努力をすれば運というものは黙っちゃいない、必ず助け船を出してくれる】

㊻

幸運は　瞬時に生れ　即消《そくき》ゆる
苦境の中にも　運は籠《こも》れり

あせるな人生！驚く勿《なか》れ苦境！

【死ぬより辛いというが、死んだことがある者はいない。辛いということはその人なりのもので、誰でもがそれ以上辛いことを我慢して頑張っている。「人間の条件」はまず生き抜くという使命を与えている】

㊼

死ぬよりも　辛い場合が　あるなれど
生きねばならぬ　これが人生

昔、ある殿様が、江戸城への緊急招集があり、早駕籠《はやかご》を飛ばして登城したという。身体はこわばるは、節々は痛むはで籠を降りても当分は動けず、こんな苦しみは死ぬより苦しかったと嘆いたという。以後その藩では、重罪の者を「早駕籠」の刑に処したという。

その人その人によって苦しみは異なる、若き時苦労した人に苦しみは少ない。

【オリンピックは民族の祭典、美の祭典ともいわれる世界の賛美和合の大会である。参加することに意義があるも、そこにいたるまでの選手たちの血達磨《ちだるま》の鍛錬には、頭が下がるものである】

㊽

人生を　オリンピックに　生命《いのち》かけ
胸にメダルの　光り尊厳《とおとし》

人間更に同じこと、とくに義務教育期間にある者や結婚前の独身者には、艱難、忍耐、堪忍袋に努力を加え、混ぜてたたいて鍛え抜き、自らも研鑽練磨する、これが若者が育ち人間として独り立ちする望ましい姿である。

【人間の条件、子孫繁殖の基本は男女の契りに始まる。年頃になれば、自然と燃える情熱が忍び寄る】

⑰

人並みに　番茶も出花の　年となり
赤いほっぺが　待つ麦畑

義務教育を終えて娘に色香りあり。花嫁修業も重なって、番茶も出花の年となり、からだが燃えて心がはだけ、可愛い娘も淑女と萌える、花びら舞い散る麦畑！。恰好な場所で逢瀬する。
ああ、これがまた独身の良さではないか。

【仕事甘く、うまいものばかりではない。人が好まない仕事こそ飛びついて頑張れば、宝の山がまっている】

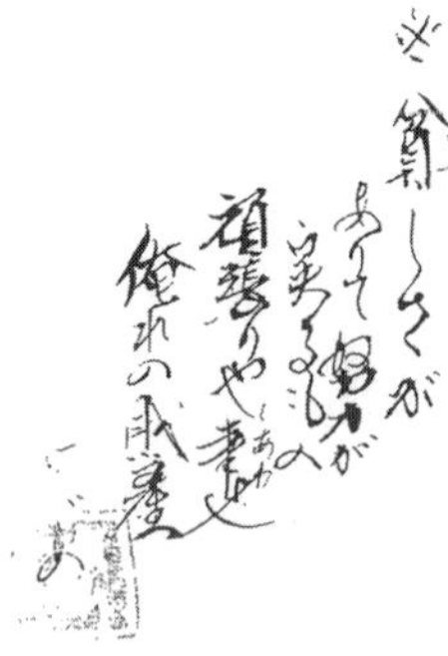

㉜ 経営者　孤独は仕事の　立場上
　　仕事の外は　皆と楽しく

経営者が孤独であるのは当然である。されば自分から大衆に溶け込む工夫をして、同列になって大衆の中に入って騒がなければ、大衆の心を掴むことは出来ない。

㉝ 貧しさが　ありて努力が　実るもの
　　頑張りゃ幸せ　財産倍増

【貧乏は買ってでもしろという。人間を造る最良の養成所である。ただし、くじけぬための忍耐と努力が肝要である】

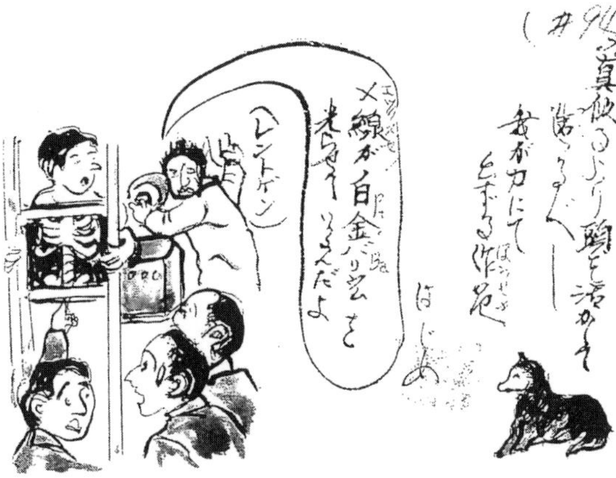

⑬　意志強く　常に研究　怠らず
　　健康第一　貫く信頼

【真似ながらそれを活かして活用する、その開発品は、宝ともなる】

⑭　真似るより　それを活《い》かして　造るべし
　　我が力から　出ずる作品

【人生にタイムスリップはない。チャンスがあれば即実行】

⑮　人生は　リハーサルなし　まったなし
　　転機を勝機に　成すが成人

【人生は、ゆっくり歩んで、足場を固め、体力をつくり、次の機会に備えよう】

⑯　人生は　ゆっくり歩いて　基礎造り
　　マイナス減らして　次の態勢

⑨⑦ 【分の悪い仕事は空いている。努力と研究で仕立てれば、必ず偉大なものとなる】

分の悪き　仕事に進め　勝つ決め手

仕事身につきゃ　奉仕大なり

⑨⑧ 【八方美人はそれなりの人。とっつきにくいが筋鐵《すじがね》入りの人こそ物の役に立つ】

誰からも　好かれる人は　唯《ただ》の人

筋鐵《すじがね》入りこそ　役に立つ人

⑨⑨ 【経営が傾いたら、それなりの対策を立て直すそして不断の執念が実を結ぶ】

経営が　不振になった　その時に

駒の持ち味　活かして成功

⑩⑩ 【常に信頼される事業の継続に努力する。しからば、いざという時、助けの手が伸びてくる】

いざのとき　援助の手が来る　努力せよ

信頼される　己を築け

【忍耐し努力してスタンバイオーケー。銛《もり》打つ腕に心高鳴る】捕鯨の精神各事に活用す。

(101)　機は熟し　準備万端　完備して
　チャンスを待ちて　銛《もり》を打つなり

【不況時こそ、力の見せどころ。こんなチャンスはめったにない。力の限りを見せて働け】

(102)　不況時は　ここぞの力の　有る限り
　自分捨てての　頑張りあるのみ

【誰にもスランプはある。欠点を見つけて早く是正すべし。回復の早いか遅いかが問題である】

(103)　スランプは　欠点検討　是正して
　希望に向けた　努力に専念

【信用は手腕と心により作られる。人格は誠意と創意により形成される】

(104)　信用の　安定感は　手腕から
　なお人格は　誠意に創意

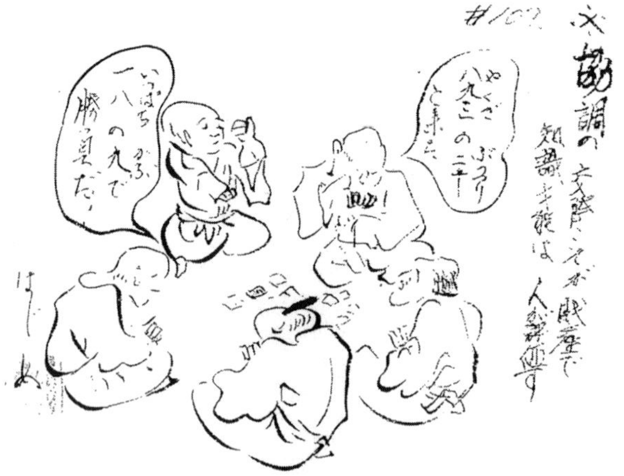

【船は帆を揚げ出航した。独立した以上、是が否でもやり遂げねばならぬ。男なら、やってみろ今がこの時】

⑩⑤ 独立は　戦い抜くの　根性で
　やれば太陽　心を照らす

【成功には、計画と創意と努力の結晶による。中途半端なことで成功は出来るものではない】

⑩⑥ 成功は　たゆまぬ努力の　結果から
　思いつきでは　世には進めぬ

【相互に協調できる心の融合性は大きな財産である。この際、知識や教養は問題ではない】

⑩⑦ 協調の　交際こそが　財産で
　知識才能は　他人《ひと》が評価す

【人生とは実力が発起される場所である。そのためにまずは努力だ】

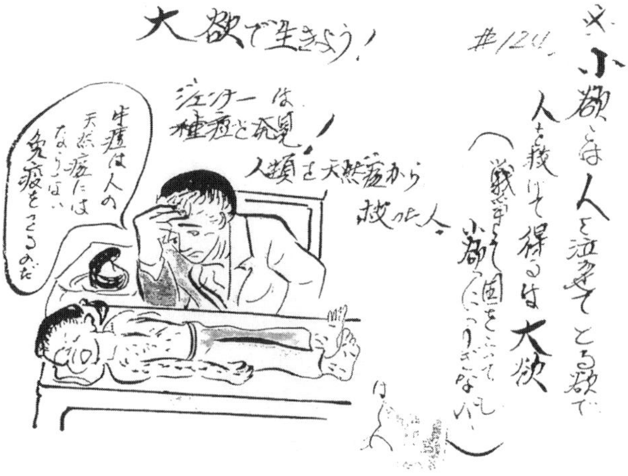

【戦争に勝って国を取っても、人を殺し泣かせて得たものは小欲《こよく》でしかない。人を助けたり、発明のように人が喜ぶ物を与えてその結果として頂く物を大欲という】

⑫④　小欲とは　人を泣かせて　とる欲で
　　人を助けて　得るは大欲

欲深き人が、相手を泣かせ殺生までして領地を奪い富んだとて、我が心に傷がつく最も悪い小欲なり。人助けをし、互いに明るく喜ぶことは小さなことでも大欲なり。発明により生活を便利にしたり、人の命を助ける発明品は、求める人と売る人が互いに喜ぶ大欲なり。身近な例では電車で障害者や老人に席を譲るも大欲なり。

世の中は、大欲をかいて進みたい。

【天才と言われる人々は研究、努力の結果から天才といわれるようになった。特にビジネスには、才能よりも創意努力が大切である】

⑫⑤　天才は　流汗《りゅうかん》努力の　綽名《あだな》なり
　　ビジネス世界に　才の差はなし

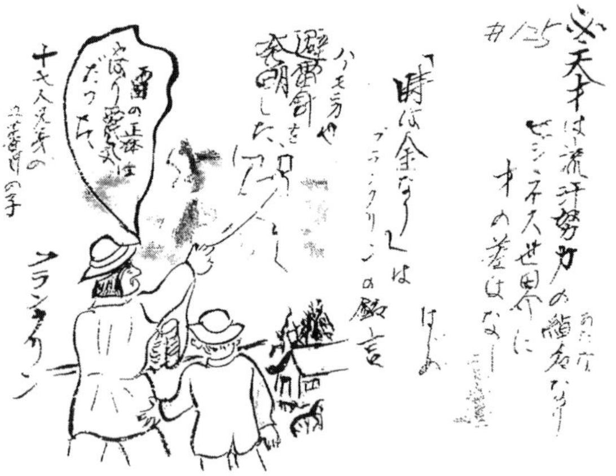
#125
「時は金なり」は
フランクリン

【少しでも貯える心と、少しくらいではどうにもならないと捨てる心では、大きな違いとなる】

⑯

これでもと　でもで貯めれば　金の山
「ぐらい」で離しゃ　金は捩《もと》らず

デモ、クライしいとでも言おうか。日常生活の中で、こんなもの、これくらい、などと粗末にすれば金や宝は残らない、少しでも、これでもと、こまめに精を出せば貯蓄は、大山となるものです。まさしく塵も積もれば山となるのです。

【噂されても気にしない、一人一人の口を塞ぐ訳にはいかぬ。人の噂も七十五日。気にするよりも、己を信じて精進するのみ】

⑰

噂する　世間の口に　戸は立たぬ
信念抱き　仕事つらぬけ

【成功を目指す人は足を使って努力する。稼ぐに追いつく貧乏なしとか】

⑬①
成功を　目指す人には　金いらぬ
　脚を使って　おあし大切

【大自然の人間の条件、伴侶の希求これにて子孫繁殖となり、また楽園の道が開けるものである。】
伴侶＝ベターハーフ・配偶者

⑬②
独り者　孤独を避けろ　そのために
　異性を求め　契《ちぎ》りを交わす

【マラソン選手は四二・一九五キロメートルをただやみくもに走っているのではなく、体力とペース配分と相手とのかけひきを含めた競技として戦っている。】

⑬③
マラソンの　ランナー孤独を　走り抜く
　心の中は　長き葛藤

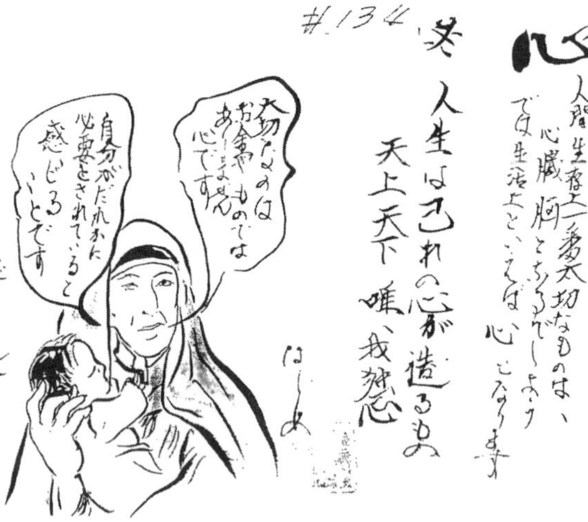

「心」とは、感受性の強い間脳の中の心脳の働きによるもので、「事あらば俺に任せろ！」と胸をドーンと叩みせるのも、この働きである。しかし心は胸や心臓にあるものではなく、大脳と小脳の間の脳下垂体と視床に挟まれた、間脳の中の心脳として活躍している。

思考や感情、五感の作用等に従って各種に反応する。心脳を覆う間脳は、心の衝動を常識の範囲内に制御する働きをする。常識については後で述べるが、常識とはその場における妥当な判断力のことである。常識が甘ければ間脳は心を甘やかす衝動を与えることになる。間脳は常に心を制御している馭者なのである。間脳はアルコールにも弱く、酒に酔う順は、間脳、小脳、大脳の順に酔い始める。最初に間脳が酔うために、心の制御が利かなくなり、勝手な行動が開始される。泣き上戸《じょうご》は泣き出し、笑い上戸は笑い出す。酒乱は正体を曝《さら》け出す始末になる。

常識内に言動を制御するには、この間脳がいかに制御を咄嗟《とっさ》に出来るか否かが重要となってくる。常識そのものも重要であるが、咄嗟な有事をいかに制御出来るかが重要であり、そのためには間脳の協力性を鍛えなければならない。「切れる」とか「切れた」とかの事象が発生した時に、その衝動を、いかに制御するかが人間になるか、人間失格者となるかの分れ道である。

衝動を間脳に制御させるためには、通常の道徳や常識も広く涵養《かんよう》することと、普断の努力によって堪忍、忍耐、我慢の心を鍛練することである。

殺人、強悪犯罪、いじめ等の予防対策には間脳の訓練が重要な課題である。

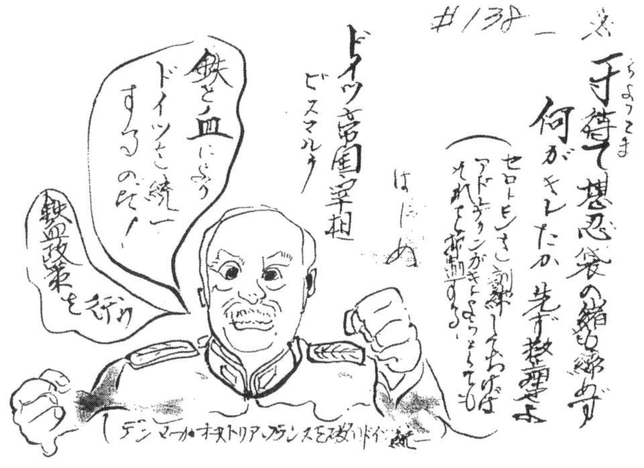

ちなみにお酒を二合程度飲んで、血液に〇・二%程度のアルコールが入った場合、ほとんどの人は言語が乱れ始め、呂律《ろれつ》が回らなくなる。これは小脳がアルコールによって麻痺を始めた状態である。間脳は、小脳よりも弱く、小脳より先に麻痺の症状が現れる。間脳とは、人間の癖、個性、常識、我慢、堪忍、寛容等を制御するもので、「お前、咄嗟だが、それをしてはいけない。それをやっても良い」等の指令を咄嗟にする。ゆえに間脳が麻痺すると、抑えが効かなくなる。泣き上戸、笑い上戸、怒り上戸等の症状が個性むき出しに現われてくる。すなわち間脳が酩酊し制御不可能となり、やりたい放題が始まる。さらに進むと小脳が酩酊し運動神経が麻痺して、呂律が回らず動作が不可能となる。

大脳は最後まで酩酊から守るが、酒量がすすむとやがては、大脳までが麻痺して、知能、記憶が衰退する。

【堪忍袋の緒はキレてはならない】

⑬⑧　一寸《ちょっと》待て　堪忍袋の　緒も締めず
何がキレたか　先ず整理せよ

「キレる」とは、急激な怒りを、個性等を制御管理する間脳が、抑え切れず、爆発させた現象である。この急激な衝動の制御に当たっては刺激伝達物質セロトニンの働きが大きく関ってくる。常に豊かな心

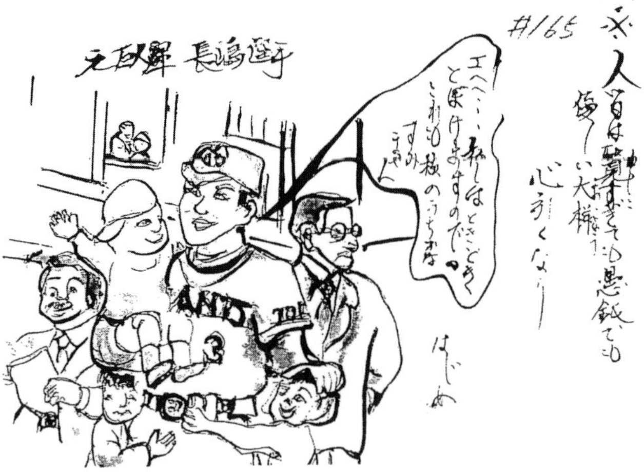

【人と接する上で、心が通わずしては話しは通らず】

⑯③ 初対面　心の扉　開けていく
さすれば花咲き　実が実るらん

【招待に応じて訪れてくれたその心だけでも嬉しい事である】

⑯④ 招待に　先方来訪　有り難し
全身捧げて　喜ぶ心

【人間は馬鹿でも利口すぎてもいけない。少し大様な人に心引かれる】

⑯⑤ 人間は　賢すぎても　愚鈍でも
優しい大様《おおよう》　心引くなり

【商売は何事もお客様本意がよい】

⑯⑥ 何事も　安くて旨きを　施せば
味が味出し　客が客呼ぶ

【己を支配するものは己の心である】

⑲ 人の世は　自分の心に　依るもので
善くもなったり　悪くもなったり

【誠心の一念をもつ】

⑲ 誠心《まごころ》で　石に立つ矢の　試しあり
偽妄《ぎもう》の人には　置く身とてなし

【心の使い方】

⑲ 身の振舞　心の使いは　爽やかに
人は我れより　上と見るべし

【良心の目覚め】

⑲ 心には　善と悪とが　からみ合う
心機一転　悪魔を払う

【物と自分は共に空寂である】

㉜252 物と我　宇宙事象は　空寂《くうじゃく》で
心は主観や　客観となる

【風流を楽しむ】

253 風流を　楽しむ心は　悠々自適
自己流無手勝《むてかつ》　浮世の流れ

【幸、不幸は心がつくる】

254 自然の美　悠々と身に　近づくは
自然を友と　心した時

【世界の幸、不幸は己《おのれ》がつくるものである】

255 人生の　幸や不幸の　根源は
全て己の　心が造る

【夫婦の世界】

278　この世には　七十億人　ひしめくも
　暮らすは夫婦　男と女

【人の生きがいは、家族を構成することから始まる】

279　生き甲斐は　夫婦となりて　子宝と
　努力積み上げ　和の城造り

【チャンスを逃がすべからず】

280　人生は　一回勝負の　命懸け
　チャンス二度無し　今こそチャンス

【百人一首は恋の文《ふみ》】三十一文字《みそひともじ》の、上下の句が人の心に絆を結ぶ。上の句を下の句説きて心が通う。

【人間の基本条件は子宝の繁殖と子孫の生活を思い、社会を繁栄させることにある】

(285)
人は持す　生きる権利と　生きる義務
幸の世造り　子孫の繁殖

【結婚は凧のようなものである】

(286)
結婚を　何の凧かと　思う哉
心で舵《かじ》され　骨身うならす

【夫婦和合の尊さ】

(287)
人は皆　異性の中に　住むなれど
性を契《ちぎ》るは　夫婦なるのみ

【心と身、孤独も夫婦において結ばれる】

(288)
身心は　我が独身の　秘事《ひじ》なれど
縁結ばれて　許す合体

人間は、生まれ乍らにして好き嫌いあり。三つ子の魂しい色気付き、七歳にして男女の区別で引き裂かれ「男女七歳にして席を同じうするなかれ」と、義務教育終わる頃、反抗期となり口答え、番茶も出花の十八才体力ついて色気もついた。「水は方円の器に従い、人は善悪の友による」とか、悪くもなれば善くもなる。嘴《くちばし》黄色い青二才、二十才《はたち》過ぎれば自由の身、手当たり次第に色気に走る。色気も出来ぬ不器用者は、硬派や悪事で若き血潮を沸かせて走る。常識や条件仕込まにゃ悲惨な悪事。男女揃えば夢物語り、世間憚ることもなく、乱れて赤裸々羞恥なく、これ見よがしの格好に、目も見張る間もあらばこそ、動物行為が始まった。あっけにとられてわが身をつねって確認す。二十歳《はたち》の後家は生涯後家で通せるが、三十後家は一人じゃ通せずリサイクル。三十女はさね転がしで誰に逢っても達磨さん。四十女は仕盛りで、お寺の鐘と同じこと、突けば突くほど唸《うな》りだす。五十の後家様痒《かゆ》くてならぬ、異性を見れば立ち往生！

【色気にみせて心をひかせる。誰でも引かかるる歌心《うた》】人生は歌心にも表裏あり

⑶⑴⑻

色気《いろけ》にて　心引き込む　数え唄《うた》
びっくらこいたら　正気になった

正月や正気で母さんさせたがる〳〵
娘もしたがる―――かるたとり、
二月とや逃げる娘をとっつかまえてとっつらまえて
むりやりさせるよ―――拭《ふ》き掃除《そうじ》、
三月やさあさおいでと前広げ、
しっかり抱き込む―――乳飲《ちの》み子よ、
四月とや仕掛けた処に人が来た々
しぶしぶ止めるよ―――へぼ将棋《しょうぎ》、
五月とや後家さんたまにはするがよいしたがよい―
六月やろくろく夜も眠らずに、
かさこそするのは―――試験前
七月や人目もかまわず抱きついて、
裸でするのは―――お相撲《すもう》さん、
八月や入ったと思ったら又抜けた、
つばつけ挿《さ》し込む―――針の穴《めど》、

331 【心を複数逢わせればそれに倍する力が出る。毛利元就家の三兄弟】
心とは　独心なれど　合わせられ
二人併せりゃ　強さ四倍

332 【似た者夫婦でうまく生活、それはそれなりに、幸がある】
おかめ顔　いたずら仕草が　なお可愛い
飲兵衛亭主の　くだまきに似《に》て

333 【人が並ぶと競争心が湧くものである】
人を凌ぎ　出し抜きたいは　人の常
その快感に　満足がある

運動会やら、ゴルフコンペ、オリンピック大会等もそうであるが、競って優位に立とうとするのは、名誉や銭、金の問題だけではない。人を出し抜く優越感は全ての人間をかりたてる共通な原理である。

この原理は、男性の精子が数億の仲間を蹴散らして生れ出た生命の基礎からのものである。

人間がこの世に生存する人生の第一歩は、家族から始まる。すなわち、夫婦、子供の一体感が人生最初の絆を造るものである。

これが人間の大憲章「子孫繁殖、繁栄」の第一条件である。

【太古の時代から家族制度は存在していた】

336　家族して　マンモス追った　古代人
　　家族の立派な　制度があった

まず家族が円満にして、子孫を繁殖することができ、善い子どもたちが養育され、善い社会が繁栄するものである。

家族の幸福と発展についての人としての操行を条件について私なりの見解を示す。

家族の円満と一族の発展のために、指導方針を子孫に残したものに「家訓」がある。

家訓は奈良時代、吉備真備《きびのまきび》の『私教類聚《しきょうるいしゅう》』に始まったといわれている。

【日本で一番古い家訓に「芸は身を助く」とあり】

【誰にでも進んで挨拶をすべし】

㉟345 挨拶は 先手必勝 誰にでも
言葉かければ 心が通う

【酒の席は平等に、されど地位の高人には敬意表す】

346 酒の席 誰についても 平等に
羽振りの人には 尊敬の念

【人の讒言《ざんげん》を聞いて一方的に判断するな】

347 成敗は 両方聞きて 判断し
心静めて 是と非を決断

348 陰口を 聞かば表の 声も聞け
聞き合わせてぞ 道理の是と非

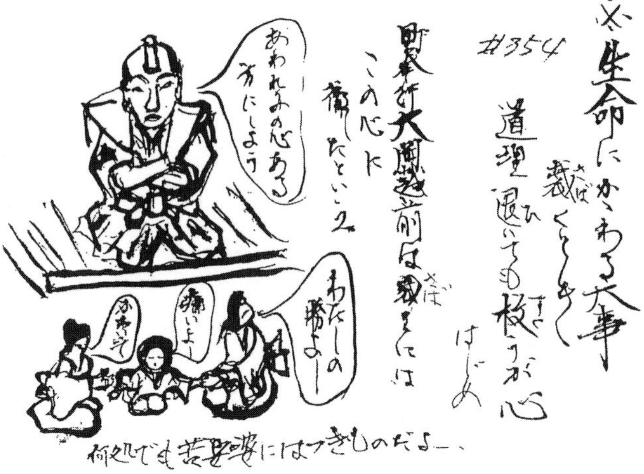

㊾

【自分は世間にも評価されて生きている】

毎日を　反省鏡《はんせいかがみ》で　生き抜こう
世間は吾を　如何に評する

㊿

【宴席では品格を問われることあり】

宴席で　高座下座《しもざ》は　思案場所
中程上《かみ》見て　品《ひん》よく座る

(351)

【北条重時の極楽寺家訓】

江戸時代の町奉行大岡越前は裁きで、この心に徹したという。

生命に　かかわる大事　裁くとき
道理退《ひ》いても　救うが心

355

【ちょっとしたことで争うほど、馬鹿げたことはない】

愚かなり　つまらぬことで　争うな
時が無駄なり　効果なきこと

356

【親は真剣に子供を養育している親の背を見て進め】

親の言《げん》と　茄子《なすび》の花に　無駄《むだ》はなし
他人の言《げん》より　先ず親の真似《まね》

357

【人間は常に地獄と極楽の表裏一体の道を歩いている】

人の世は　一枚紙の　裏表
背中《せなか》合せの　地獄極楽《じごくごくらく》

358

【企業は人なり】

企業家は　人材起用が　命なり
社長も人なり　部下も人なり

「俺は自分の好きな事をやって身を立てる」なんて言っても、世の中そんなに甘くはない。野球、サッカー、バレーにバスケ、水泳、陸上数々あれど、プロになれるのは、ほんのわずかである。勉強が駄目でも山下清画伯などの社会に貢献できる立派な人もいるが、しかしこのような素質がある人は、さらに少なく、とても普通じゃなれやせぬ。

たとえ教育がなくても、悪事にだけは手を出さず、自分なりの能力を磨き、家族を養い生活出来りゃ、それはそれなり立派な人生である。更に努力し子宝育てりゃ一人前の人間である。そして世の中良くなるように努力をすれば、人間条件の完成である。

【自叙伝が、義務教育に力を貸した】

391　**自叙伝《じじょでん》は、我れにも修養　身について**
社会の為に　尽くす基礎なり

【成功談は人生の励みとなる】

392　**成功談　真似《まね》てるうちに　身について**
判断力が　世の為になり

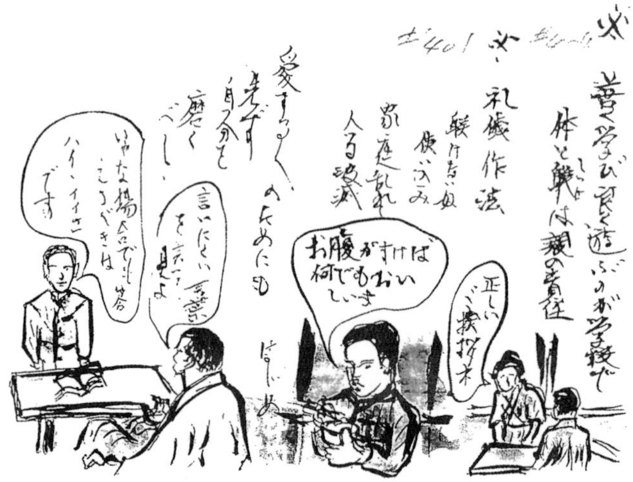

㊴⑨ 399

最初から　大善大悪　生じない
わずかなものが　大きく育つ

【現職に全力を注ぐ】

400

現職に　全精力を　傾注し
真剣勝負は　自己の研鑽

【義務教育と子供の躾】

401

善く学び　良く遊ぶのが　学校で
体と躾は　親の責任

【かつて自分をいじめたやつが謝りにきた】
ちょっとした許せるいたずらならまだしも、「いじめ」ともなれば悪となる。

402

いじめられ　今に見てろで　努力した
チャンピオンベルトが　腹に輝やく

429　暖かき　春気《しゅんき》が物を　慈育する
学には謹慎　不動が肝要

【孤立、独行する人に永続きはない】

430　好奇心　若さのはしりぞ　逆行し
孤立・独行　凡人の業

【徳を厚くしたければ、度量を広くすることである】

431　学問で　度量と見識　育て上げ
徳を高めて　人格を為す

【子供は若い頃にしっかりと鍛えておかなければならない】（成熟して打てば、「骨が折れる」のみ）

432　鋼鉄は　熱きに打ちて　少年は
若きに鍛えて　人物となす

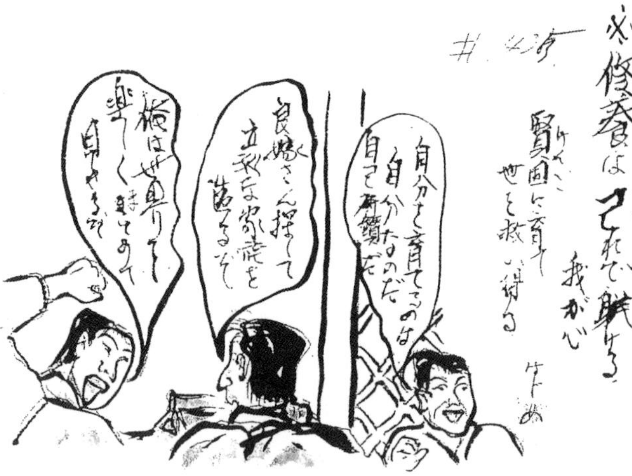

㊳③

㊸

433

【字の無い書を読み、絃のない琴をひくようにして真の心が知がる】

凡人《よのひと》は　無字の書知らず　絃のなき
琴弾《ひ》く知らず　眞心はなし

434

【詩心覚えて道徳を行えば人間の心が生まれる】

無学でも　詩心《ししん》を解し　真味《しんみ》得る
道徳に動き　玄妙《げんみょう》を悟《さと》る

435

【自分を躾けるのは、自分である。そして世のためになるために】

修養は　己で躾ける　我が心
堅固《けんご》に育てて　世を救い得る

436

【若い時代は帰らない。心せよ！二度とない人生だ】

青春は　二度ないところに　価値が有る
男ざかりを　無駄に過すな

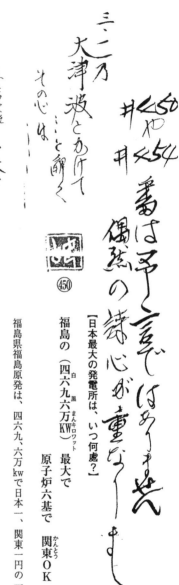

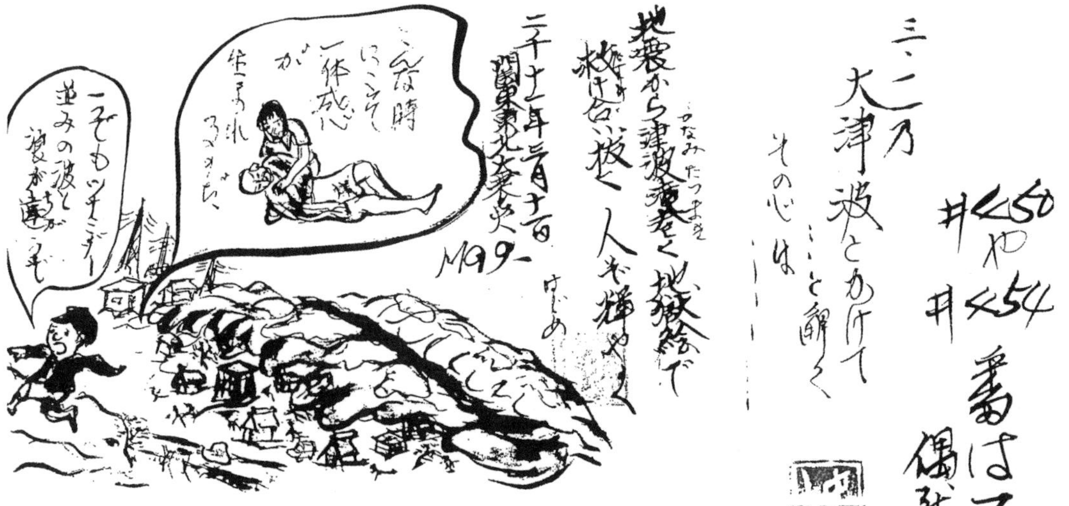

(450)

【日本最大の発電所は、いつ何處？】

福島の（四六《白》九六《黒》万KW《まんキロワット》）　最大で
原子炉六基で　関東《かんとう》ＯＫ

福島県福島原発は、四六九、六万kwで日本一、関東一円の一般家庭電気を発電出来る。

(451)

【リニアーモーターカー実現す。東京ー大阪近年中、一時間で走行】

モーターの　回転磁界を　平たくし
線路に並べて　磁石浮上車

(454)

【ひかり号の東京ー新大阪間の電力量は？】

新幹線　二《に》万ＫＷＨ《まんキロワットアワー》で　五百ＫＭ《キロメータ》
一般家庭で　一〇年使用か

(455)

【日本最初の発電所は水力か、火力か、どちらでしょうか】

一《人》八《は》八《花》七年　直流電気で　火力から
一《人》八《は》九二《苦にして》年　水力発電

一八八七年（明治20年11月）日本橋の直流火力発電所で百参拾弐灯の電気をともした。水力は明治二十五年、京都の蹴上《けあげ》発電所。

著者プロフィール　後閑　始　　群馬県生まれ
千葉県船橋市在住

昭和18年　海軍省・横浜科学燃料廠　入団
昭和36年　日本国鉄・学士　入社
昭和39年　ドクターイエロー・トロリー架線試験車開発
昭和59年　（公社）東京電気管理技術者協会
後閑電気管理事務所　開設
平成９年　『人間の条件』出版：創英社／三省堂書店
平成11年　「携帯用人口呼吸器」発明開発
＊全国発明コンクール賞受賞
・千葉県知事賞受賞
平成19年～30年　「リニア水力発電装置」発明開発
平成25年８月　（株）ゴカン水力発電開発　設立
平成28年　「リニア水力発電」・｛初回｝　実験成功
平成30年11月30日　同上・｛国際特許｝　取得

現在：「リニア水力発電」実績＝水量（１㎥）千ｍ発電用水路にて＝3,000kw発電可能
現在：実践事業家、応募中です。

地球最期の日に、地球を蘇生させる
新開発「リニア水流連続発電」

令和３年２月22日　初版第１刷発行

著　　者　後閑　始
発行・発売　株式会社三省堂書店／創英社
〒101-0051　東京都千代田区神田神保町1-1
Tel：03-3291-2295　Fax：03-3292-7687

印刷・製本　信濃印刷株式会社

ISBN978-4-87923-085-0 C3054